书在版编目（CIP）数据

州珍稀濒危野生植物 / 徐晓薇, 周庄主编. -- 北
中国林业出版社, 2022.11
BN 978-7-5219-1970-7

. ①温… Ⅱ . ①徐… ②周… Ⅲ . ①濒危植物—野
植物—介绍—温州 Ⅳ . ①Q948.525.53

中国版本图书馆CIP数据核字(2022)第217767号

划编辑：肖　静
任编辑：袁丽莉　肖　静
帧设计：北京八度出版服务机构

出版发行：中国林业出版社
　　　　　（100009，北京市西城区刘海胡同 7 号，电话 83143577 ）
电子邮箱：cfphzbs@163.com
网址：www.forestry.gov.cn/lycb.html
印刷：河北京平诚乾印刷有限公司
版次：2022 年 11 月第 1 版
印次：2022 年 11 月第 1 次印刷
开本：889mm×1194mm　1/16
印张：17.75
字数：284 千字
定价：320.00 元

温州珍稀濒危野生植物

主 编 徐晓薇 周 庄

中国林业出版社

编辑委员会

前　言

植物是遗传资源，也是重要的战略资源。一个植物物种可能蕴藏着无穷的价值，它跨越几十万年乃至数百万年与我们相见，但其告别却悄无声息。一种植物的灭绝不仅意味着其基因、文化和科学价值的丧失，可能也会引发其他生物的灭绝，影响生态系统的稳定。

中国是全世界10%的植物物种生存的家园，也是许多穿越亿万年时光的孑遗植物最后的避难所，如银杏、水松、红豆杉等。但在繁荣的背后，一些物种已处于濒临灭绝的境地。许多植物，我们还没来得及认识，就已经彻底在这个地球上消失了。珍稀濒危植物是野生植物中最脆弱的群体，由于自然或人为的原因，通常分布局限、生境特殊或数量稀少。为保护这些属于全人类的自然瑰宝，2021年9月7日，国家林业和草原局、农业农村部发布了最新的《国家重点保护野生植物名录》，将455种和40类野生植物列入其中，新名录将成为未来一段时间野生植物保护的重要依据。

温州地区的植物区系属于东亚植物区中国—日本植物亚区，在中国的植物区系中较为特殊和复杂，位于浙南山地亚地区和闽北山地亚地区之间，区系成分以亚热带和热带为主，具有明显的南北过渡地带特征。由于自然地理、地形地貌和气候差异，温州地区在植被的发育和演替上形成了多样性的植被类型，孕育了丰富的植物资源，是浙江省植物种类最丰富的地区之一。浙、闽、赣交界山地也是我国17个具有全球意义的生物多样性保护关键区域之一。

编辑委员会成员多年来实地调查温州市珍稀濒危野生植物资源，并根据《国家重点保护野生植物名录》《浙江省重点保护野生植物名录（第一批）》《中国生物多样性红色名录——高等植物卷》《濒危野生动植物种国际贸易公约》(*The Convention on International Trade in Endangered Species of Wild Fauna and Flora*)、《世界自然保护联盟濒危物种红色名录》(*IUCN Red List of Threatened Species*)等名录和保护文件，梳理出温州珍稀濒危野生植物80科264种，并在此基础上编撰完成彩图版《温州珍稀濒危野生植物》。

物种所属科的顺序参考《国家重点保护野生植物名录》，科内属和种按学名字母顺序排列。濒危物种的级别收录近危（NT）级别以上，包括近危（NT）、易危（VU）、濒危（EN）、极危（CR）、野外灭绝（EW）和灭绝（EX）。

《温州珍稀濒危野生植物》的出版，为本地区的珍稀濒危植物的保护、科学利用提供了基础资料，对浙江省生物多样性保护具有重要意义。

由于作者水平有限，错误、疏漏和不足之处敬请读者批评指正。

编辑委员会

2022 年 5 月 26 日

目 录

001 长柄石杉

Huperzia javanica (Sw.) C. Y. Yang

石松科 Lycopodiaceae　石杉属 *Huperzia* Bernh.

国家重点保护名录	浙江省重点保护名录	红色名录等级	CITES	IUCN
二级	列入	濒危（EN）		

【形态特征】多年生土生植物。茎直立或斜生，高10~30cm，中部直径1.5~3.5mm；枝连叶宽1.5~4.0cm，二至四回二叉分枝，枝上部常有芽孢。叶螺旋状排列，疏生，平伸，狭椭圆形，向基部明显变狭，通直，长1~3cm，宽1~8mm，基部楔形，下延有柄，先端急尖或渐尖，边缘平直不皱曲，有粗大或略小而不整齐的尖齿，两面光滑，有光泽，中脉突出明显，薄革质。孢子叶与不育叶同形；孢子囊生于孢子叶的叶腋，两端露出，肾形，黄色；孢子同形，极面观为钝三角形，3裂缝，具穴状纹饰。

【分布与生境】偶产于全市丘陵山区。生于带有一定腐殖质的树林草丛中、竹林下。

【保护价值】全草可药用，有止血散瘀、消肿止痛、清热除湿、解毒等功效。

【致危因素】生境和生活史较特别，繁殖能力较弱。过度采挖。

【保护措施】禁止采挖；加强人工保育研究。

002 柳杉叶马尾杉
Phlegmariurus cryptomerinus (Maxim.) Satou

石松科 Lycopodiaceae　　马尾杉属 *Phlegmariurus*（Herter）Holub

国家重点保护名录	浙江省重点保护名录	红色名录等级	CITES	IUCN
二级		近危（NT）		

【形态特征】中型附生蕨类。茎簇生。成熟枝直立或略下垂，一至四回二叉分枝，长 20~25cm，枝连叶中部宽 2.5~3.0cm。叶螺旋状排列，广开展；营养叶披针形，疏生，长 1.4~2.5cm，宽 1.5~2.5mm，基部楔形，下延，无柄，有光泽，顶端尖锐，背部中脉突出，明显，薄革质，全缘。孢子囊穗比不育部分细瘦，顶生；孢子叶披针形，长 1.0~2.0mm，宽约 1.5mm，基部楔形，先端尖，全缘；孢子囊生在孢子叶腋，肾形，2 瓣开裂，黄色。

【分布与生境】产于文成、泰顺等地。附生于林下石壁上。

【保护价值】全草可入药，有消肿止痛、清热解毒等功效。

【致危因素】过度采挖；生境不稳定。

【保护措施】禁止采挖，保护生境；加强人工保育研究。

003 华南马尾杉

Phlegmariurus fordii (Baker) Ching

石松科 Lycopodiaceae   马尾杉属 *Phlegmariurus* （Herter） Holub

国家重点保护名录	浙江省重点保护名录	红色名录等级	CITES	IUCN
二级		近危（NT）		

【形态特征】中型附生蕨类。茎簇生。成熟枝下垂，二至多回二叉分枝，长20~70cm，主茎直径约5mm，枝连叶宽2.5~3.3cm。叶螺旋状排列；营养叶平展或斜向上开展，椭圆形，长约1.4cm，植株中部叶片宽大于2.5~4.0mm，基部楔形，下延，有明显的柄，有光泽，顶端圆钝，中脉明显，革质，全缘。孢子囊穗比不育部分略细瘦，非圆柱形，顶生；孢子叶椭圆状披针形，排列稀疏，长7~11mm，宽约1.2mm，基部楔形，先端尖，中脉明显，全缘；孢子囊生在孢子叶腋，肾形，2瓣开裂，黄色。

【分布与生境】产于乐清、永嘉、瑞安、泰顺等地。附生于山沟石壁、林下。

【保护价值】全草可入药，性味苦、凉，有消肿止痛、清热解毒等功效。

【致危因素】过度采挖；生境不稳定。

【保护措施】禁止采挖，保护生境；加强人工保育研究。

004 闽浙马尾杉

Phlegmariurus mingcheensis Ching

石松科 Lycopodiaceae　马尾杉属 *Phlegmariurus* （Herter） Holub

国家重点保护名录	浙江省重点保护名录	红色名录等级	CITES	IUCN
二级		无危（LC）		

【形态特征】中型附生蕨类。茎簇生。成熟枝直立或略下垂，一至多回二叉分枝，长17~33cm。枝连叶中部宽1.5~2.0cm。叶螺旋状排列；营养叶披针形，疏生，长1.1~1.5cm，宽1.5~2.5mm，基部楔形，下延，无柄，有光泽，顶端尖锐，中脉不显，草质，全缘。孢子囊穗比不育部分细瘦，顶生；孢子叶披针形，长8~13mm，宽约0.8mm，基部楔形，先端尖，中脉不显，全缘；孢子囊生在孢子叶腋，肾形，2瓣开裂，黄色。

【分布与生境】产于永嘉、泰顺等地。附生于海拔500~1000m的林下阴湿岩石上。

【保护价值】全草入药，性味苦、寒，有清热燥湿、退热消炎功效。

【致危因素】过度采挖；生境不稳定。

【保护措施】禁止采挖，保护生境；加强人工保育研究。

005 松叶蕨
Psilotum nudum (L.) P. Beauv.

松叶蕨科 Psilotaceae　松叶蕨属 *Psilotum* Sw.

国家重点保护名录	浙江省重点保护名录	红色名录等级	CITES	IUCN
二级	列入			

【形态特征】小型蕨类。根茎横行，圆柱形，褐色，仅具假根，二叉分枝；地上茎直立，高15~51cm，无毛或鳞片，绿色，下部不分枝，上部多回二叉分枝；枝三棱形，绿色，密生白色气孔。叶为小型叶，散生，二型；不育叶鳞片状三角形，无脉，长2~3mm，宽1.5~2.5mm，先端尖，草质。孢子叶二叉形，长2~3mm，宽约2.5mm；孢子囊单生在孢子叶腋，球形，2瓣纵裂，常3个融合为三角形的聚囊，直径约4mm，黄褐色；孢子肾形，极面观矩圆形，赤道面观肾形。

【分布与生境】产于乐清、永嘉、瑞安、文成、泰顺等地。附生树干上或岩缝中。

【保护价值】孑遗物种，具有科研价值；叶较独特，具有观赏价值，可作室内盆栽观赏；全草药用，具有祛风除湿、活血止血之功效。

【致危因素】过度采挖。

【保护措施】禁止采挖；加强人工保育研究。

006 福建观音座莲
Angiopteris fokiensis Hieron.

合囊蕨科 Marattiaceae　观音座莲属 *Angiopteris* Hoffm.

国家重点保护名录	浙江省重点保护名录	红色名录等级	CITES	IUCN
二级	列入			

【形态特征】植株高大，高1.5m以上。根状茎块状，直立。叶柄粗壮，长约50cm，粗1~2.5cm；叶片宽卵形，长与宽各60cm以上；羽片5~7对，互生，长50~60cm，宽14~18cm，狭长圆形，奇数羽状；小羽片35~40对，具短柄，披针形，渐尖头，基部近截形或几圆形，顶部向上微弯，下部小羽片较短，叶缘具有规则的浅三角形锯齿；叶脉开展，无倒行假脉；叶为草质，两面光滑；叶轴光滑，腹部具纵沟，向顶端具狭翅。孢子囊群棕色，长圆形，长约1mm，距叶缘0.5~1mm，彼此接近，由8~10个孢子囊组成。

【分布与生境】产于乐清、永嘉、鹿城、平阳、苍南、文成、泰顺等地。生于林下、溪沟边。

【保护价值】叶形漂亮，具有很高的观赏价值；块茎可作为淀粉食用；根状茎入药，有祛风、清热、解毒之功效。

【致危因素】过度采挖。

【保护措施】禁止采挖；加强人工保育研究。

007 粗齿紫萁 羽节紫萁

Osmunda banksiifolia (C. Presl) Kuhn

紫萁科 Osmundaceae　羽节紫萁属 *Osmunda* L.

国家重点保护名录	浙江省重点保护名录	红色名录等级	CITES	IUCN
		近危（NT）		

【形态特征】植株高大，高达 1.5m。主轴高可达 60cm，粗 15cm，密复叶柄的宿存基部；叶簇生顶端，形如苏铁。叶为一型，但羽片为二型，柄长 30~40cm，坚硬，淡棕禾秆色，稍有光泽；叶片长 50~60cm，宽 22~32cm，长圆形，一回羽状；羽片 15~30 对，长披针形，顶端渐尖，基部楔形，有短柄，以关节着生于叶轴上，顶生小叶 11 片，边缘有粗大的三角形尖锯齿。叶脉三至四回分歧，达于加厚的叶边。叶为坚革质或厚纸质，两面光滑。下部数对（3~5）羽片为能育，生孢子囊，强度紧缩，中肋两侧的裂片为长圆形，背面满生孢子囊群，深棕色。

【分布与生境】产于乐清、永嘉、鹿城、瓯海、瑞安、文成、平阳、苍南、泰顺等地。生于林下、溪边林缘。

【保护价值】叶形独特，具有观赏价值，可作大型盆栽。

【致危因素】居群数量少。

【保护措施】保护生境。

008 燕尾蕨

Cheiropleuria bicuspis (Blume) C. Presl

双扇蕨科 Dipteridaceae　燕尾蕨属 *Cheiropleuria* C. Presl

国家重点保护名录	浙江省重点保护名录	红色名录等级	CITES	IUCN
	列入	易危（VU）		

【形态特征】植株高30~40cm。根状茎密被锈棕色有节的绢丝状长毛。叶近生，二型；不育叶柄长20~30cm，纤细，粗约1mm，棕禾秆色，光亮，下部圆柱形，上部有纵沟，顶端稍膨大。叶片卵圆形，厚革质，长10~15cm，宽5~8cm，顶端通常二深裂，基部圆形而略下延，缺刻宽阔而呈圆弧形；裂片近三角形，渐尖头，光滑无毛；主脉3~4条，自基部呈掌状伸展，小脉联结成网，有单一或分叉的内藏小脉。能育叶柄长可达40cm，叶片披针形，向两端变狭，不分裂，有主脉3条。孢子囊满布于下面的网状脉上，幼时被棒状隔丝覆盖。

【分布与生境】产于平阳、苍南等地。生于海拔100m左右的林下。

【保护价值】株型丰满圆阔，叶形奇特似燕，可做观赏植物。

【致危因素】分布区狭窄；种群数量较少。

【保护措施】加强生境保护；开展人工保育研究。

009 金毛狗
Cibotium barometz (L.) J. Sm.

金毛狗科 Cibotiaceae　金毛狗属 *Cibotium* Kaulf.

国家重点保护名录	浙江省重点保护名录	红色名录等级	CITES	IUCN
二级				

【形态特征】根状茎基部被大丛垫状的金黄色茸毛。叶柄长达120cm；叶片长宽约相等，广卵状三角形，三回羽状分裂；下部羽片为长圆形，长达80cm，宽20~30cm；一回小羽片长约15cm，宽2.5cm，线状披针形，长渐尖，羽状深裂几达小羽轴；末回裂片线形略呈镰刀形，中脉和侧脉两面隆起，在不育羽片上分为二叉；叶革质或厚纸质，两面光滑，或小羽轴上下两面略有短褐毛疏生。孢子囊群在每一末回能育裂片1~5对，生于下部的小脉顶端，囊群盖坚硬，棕褐色，横长圆形，两瓣状，成熟时张开如蚌壳；孢子为三角状的四面形，透明。

【分布与生境】产于乐清、瑞安、平阳、苍南、泰顺等地。生于溪边、林下阴湿处。

【保护价值】根状茎具有补肝肾、强腰膝、除风湿、壮筋骨、利尿通淋等功效；茎上长软毛既可作为止血剂，又可作为填充物；长满金色茸毛的根状茎和绿叶具有很高的观赏价值。

【致危因素】过度采挖。

【保护措施】禁止采挖；加强人工保育研究。

010 桫椤
Alsophila spinulosa (Wall. ex Hook.) R. M. Tryon

桫椤科 Cyatheaceae　桫椤属 *Alsophila* R. Br.

国家重点保护名录	浙江省重点保护名录	红色名录等级	CITES	IUCN
二级		近危（NT）	附录 II	

【形态特征】茎干高达6m以上，直径10~20cm。茎段端、拳卷叶以及叶柄基部密被糠秕状鳞毛；叶柄连同叶轴和羽轴有刺状突起，背面两侧各有一条不连续的皮孔线，向上延至叶轴；叶片长矩圆形，长1~2m，宽0.4~1.5m，三回羽状深裂；羽片17~20对，互生；中部羽片长40~50cm，宽14~18cm，长矩圆形，二回羽状深裂；小羽片披针形，先端渐尖而有长尾，羽状深裂；裂片18~20对，镰状披针形，有锯齿；叶纸质；羽轴、小羽轴和中脉上面被糙硬毛，下面被灰白色小鳞片。孢子囊群生于侧脉分叉处；囊群盖球形，薄膜质，成熟时反折覆盖于主脉上面。

【分布与生境】产于龙湾、平阳、苍南等地。生于山地溪旁或疏林中。

【保护价值】孑遗植物，具有很高的科研价值；形美观，园艺观赏价值极高。

【致危因素】分布区狭窄；种群数量极少。

【保护措施】生境保护；加强人工保育研究。

011 粗齿桫椤

Gymnosphaera denticulata (Baker) Copel.—*Alsophila denticulata* Baker

桫椤科 Cyatheaceae　黑桫椤属 *Gymnosphaera* Blume

国家重点保护名录	浙江省重点保护名录	红色名录等级	CITES	IUCN
			附录 II	

【形态特征】植株高 0.6~1.4m。主干短而横卧。叶簇生；叶柄长 30~90cm，红褐色，稍有疣状突起，基部生鳞片，向疣部变光滑；鳞片线形，边缘有疏长刚毛；叶片披针形，长 35~50cm，二回羽状至三回羽状；羽片 12~16 对，互生，斜向疣，长圆形；小羽片深羽裂近达小羽轴，基部一或二对裂片分离；裂片斜向疣，边缘有粗齿；叶脉分离，每裂片有小脉 5~7 对；羽轴红棕色，有疏的疣状突起，疏生狭线形的鳞片；小羽轴及主脉密生鳞片；鳞片基部淡棕色并为泡状，边缘有黑棕色刚毛。孢子囊群圆形，生于小脉中部或分叉疣；囊群盖缺。

【分布与生境】产于乐清、平阳、苍南、泰顺等地。生于冲积土或山谷溪边林下。

【保护价值】孑遗植物，具有很高的科研价值；株型美观别致，园艺观赏价值较高；可作药用，味辛、微苦、性平，具有祛风湿、强筋骨、清热止咳等功效；茎杆髓部可提取淀粉用作食品。

【致危因素】分布区狭窄；居群数量少。

【保护措施】生境保护；加强人工保育研究。

012 小黑桫椤

Gymnosphaera metteniana (Hance) Tagawa—*Alsophila denticulata* Baker

桫椤科 Cyatheaceae　黑桫椤属 *Gymnosphaera* Blume

国家重点保护名录	浙江省重点保护名录	红色名录等级	CITES	IUCN
			附录 II	

【形态特征】植株高达2m。根状茎密生黑棕色鳞片。叶柄黑色，基部具宿存的鳞片；鳞片线形，淡棕色，光亮，有不明显的狭边；叶片三回羽裂；羽片长达40cm；小羽片深羽裂，距小羽轴2~4mm，基部一对裂片不分离；裂羽狭长，先端有小圆齿；叶脉分离，每裂片有小脉5~6对，单一，基部下侧一小脉出自主脉；羽轴红棕色，近光滑，残留疏鳞片，鳞片灰色；小羽轴的基部生鳞片，鳞片黑棕色，先端呈弯曲的刚毛状，较小的鳞片灰色，基部稍泡状。孢子囊群生于小脉中部；囊群盖缺；隔丝多，比孢子囊稍长或近相等。

【分布与生境】据《温州植物志》记载，平阳、苍南等地有分布，但未见可靠标本。

【保护价值】孑遗植物，具有很高的科研价值；外形美观，可作为独赏树、丛林观赏。

013 笔筒树

Sphaeropteris lepifera (J. Sm. ex Hook.) R. M. Tryon

桫椤科 Cyatheaceae　白桫椤属 *Sphaeropteris* Bernh.

国家重点保护名录	浙江省重点保护名录	红色名录等级	CITES	IUCN
二级				

【形态特征】茎干高6m，胸径约15cm。叶柄长16cm以上，通常上面绿色，下面淡紫色，密被鳞片，有疣突；鳞片苍白色，长达4cm，基部宽2~4mm，先端狭渐尖，边缘具刚毛；叶轴和羽轴密被显著的疣突，突头亮黑色；最下部的羽片略缩短，最长的羽片达80cm；小羽片先端尾渐尖，无柄；侧脉10~12对，2~3叉，近于全缘，下面灰白色；羽轴下面多少被鳞片，具灰白色边毛；小羽轴及主脉下面除具有小鳞片之外，还被有很多灰白色开展的粗长毛，小羽轴上面无毛。孢子囊群近主脉着生，无囊群盖；隔丝长于孢子囊。

【分布与生境】产于龙湾、苍南、泰顺等地。生于水沟边缘、溪流边缘山坡及路边。

【保护价值】孑遗植物，具有很高的科研价值；树干修长，叶痕大而密，异常美观。

【致危因素】分布区狭窄；种群数量极少。

【保护措施】生境保护；加强人工保育研究。

014 阔片乌蕨
Odontosoria biflora (Kaulf.) C.Chr.

鳞始蕨科 Lindsaeaceae　乌蕨属 *Odontosoria*（C. Presl）Fée

国家重点保护名录	浙江省重点保护名录	红色名录等级	CITES	IUCN
		近危（NT）		

【形态特征】植株高30cm。根状茎密被赤褐色钻状鳞片。叶柄上面有纵沟，除基部外通体光滑；叶片三角状卵圆形，长10~15cm，宽6~10cm，先端渐尖，基部不变狭，三回羽状；羽片10对，除基部一对为近对生外，其余的为互生，披针形，长5.5cm，宽达2.8cm，先端渐尖，基部不对称；下部二回羽状；小羽片近菱状长圆形，先端钝，基部楔形，下部羽状分裂成1~2对裂片；裂片近扇形，先端有齿牙，基部楔形；叶脉不明显，每裂片上4~6枚，二叉分枝；叶近革质。孢子囊群杯形，边缘着生，顶生于1~2条细脉上；囊群盖圆形，革质，棕褐色。

【分布与生境】产于洞头、瑞安、平阳等地。生于海边岩石下、园地或路边。

【保护价值】叶和株型具有较好的观赏价值，适合做盆栽。

【致危因素】滨海植物，生境特化。

【保护措施】加强生境保护。

015 水蕨
Ceratopteris thalictroides (L.) Brongn.

凤尾蕨科 Pteridaceae　水蕨属 *Ceratopteris* Brongn.

国家重点保护名录	浙江省重点保护名录	红色名录等级	CITES	IUCN
二级		易危（VU）		

【形态特征】根状茎短而直立。叶簇生，二型；不育叶柄圆柱形，肉质，上下几相等，光滑无毛；叶片直立或幼时漂浮，狭长圆形，长6~30cm，宽3~15cm，先端渐尖，基部圆楔形，二至四回羽状深裂；裂片5~8对，互生，卵形或长圆形，先端渐尖，一至三回羽状深裂；小裂片2~5对，互生，阔卵形或卵状三角形，基部圆截形，两侧有狭翅，下延于羽轴，深裂；小脉联结成网状五角形或六角形。孢子囊沿能育叶的裂片主脉两侧的网眼着生，幼时为连续不断的反卷叶缘所覆盖，成熟后露出孢子囊；孢子四面体形，外层具肋条状纹饰。

【分布与生境】产于乐清、鹿城、瑞安、泰顺等地。生于池沼、水田或水沟等处。

【保护价值】全草入药，具有散瘀、拔毒、镇咳、化痰、止痢、止血之功效；嫩叶和芽可食用。

【致危因素】生境退化或被破坏。

【保护措施】加强生境保护。

016 全缘贯众
Cyrtomium falcatum (L. f.) C. Presl

鳞毛蕨科 Dryopteridaceae　贯众属 *Cyrtomium* C. Presl

国家重点保护名录	浙江省重点保护名录	红色名录等级	CITES	IUCN
		易危（VU）		

【形态特征】植株高30~40cm。根茎直立，密被披针形棕色鳞片。叶簇生，叶柄腹面有浅纵沟，下部密生卵形棕色有时中间带黑棕色鳞片，鳞片边缘流苏状，向上秃净；叶片宽披针形，长22~35cm，宽12~15cm，先端急尖，基部略变狭，奇数一回羽状；侧生羽片5~14对，互生，偏斜的卵形或卵状披针形，先端长渐尖或呈尾状，基部偏斜圆楔形，上侧圆形下侧宽楔形或弧形，边缘常波状；具羽状脉，小脉结成3~4行网眼；顶生羽片卵状披针形，二叉或三叉状；叶革质，两面光滑；叶轴腹面有浅纵沟。囊群盖圆形，盾状，边缘有小齿缺。

【分布与生境】产于洞头、瑞安、平阳、苍南等地。生于海边草坡、路边湿地。

【保护价值】根状茎入药，具有驱虫、止血、解热之功效；株型自然，叶片亮绿，适于盆栽；耐阴能力强，可作为林下、林缘的地被植物。

【致危因素】生境被破坏。

【保护措施】加强生境保护。

017 黄山鳞毛蕨

Dryopteris whangshangensis Ching

鳞毛蕨科 Dryopteridaceae　鳞毛蕨属 *Dryopteris* Adans.

国家重点保护名录	浙江省重点保护名录	红色名录等级	CITES	IUCN
		濒危（EN）		

【形态特征】植株高约60~80cm。根状茎直立，密被鳞片；鳞片深棕色，披针形，全缘。叶簇生，叶柄被深棕色，边缘流苏状的鳞片；叶片长30~40cm，中部宽10~12cm，披针形，先端渐尖，向基部渐变狭，一回羽状深裂，羽片20~22对，彼此密接，披针形，长5~6cm，基部最宽，羽状深裂；裂片约16对，长方形，先端平截，有3~4个粗锯齿，边缘有浅缺刻，常反折；叶两面沿羽轴和中肋被卵圆形，基部流苏状的鳞片；叶脉羽状，不分叉。孢子囊群生于叶片上部的裂片顶端，每裂片5~6对，成熟时常超出裂片边缘；囊群盖小，圆肾形，淡褐色，全缘。

【分布与生境】产于泰顺等地。生于海拔1300m以下林下石边。

【保护价值】根茎药用，具有清热、明目之功效；株型漂亮，观赏价值较高，适合做盆栽或林下耐阴地被。

【致危因素】分布区狭窄；种群数量极少。

【保护措施】加强生境保护；开展人工保育研究。

018 卵状鞭叶蕨

Polystichum conjunctum (Ching) Li Bing Zhang—*Cyrtomidictyum conjunctum* Ching

鳞毛蕨科 Dryopteridaceae　　耳蕨属 *Polystichum* Roth

国家重点保护名录	浙江省重点保护名录	红色名录等级	CITES	IUCN
		易危（VU）		

【形态特征】植株高20~40cm。根状茎短而直立，密被鳞片。叶簇生；不育叶羽片排列稀疏，短而阔，阔卵形或长圆状卵形；叶轴顶端延伸成长鞭，着地生根长成新株；能育叶叶片披针形，先端尾状渐尖，一回羽状，下部5~7对与叶轴分离，以上各对多少与叶轴合生，基部1对与其上各对等长或稍长；叶脉羽状，侧脉分叉；叶近革质，上面光滑。孢子囊群圆而小，着生于小脉背上，在主脉两侧各2例；无囊群盖。

【分布与生境】产于泰顺等地。生于海拔500~800m的林缘石边。

【保护价值】无性繁殖机制，具有科研价值。

【致危因素】分布区狭窄；种群数量较少。

【保护措施】加强生境保护。

019 骨碎补

Davallia trichomanoides Blume—*Davallia mariesii* H. J. Veitch

骨碎补科 Davalliaceae　骨碎补属 *Davallia* Sm.

国家重点保护名录	浙江省重点保护名录	红色名录等级	CITES	IUCN
		近危（NT）		

【形态特征】植株高20~30cm。根状茎密被蓬松的红棕色鳞片；鳞片狭披针形，长约5mm，先端为细长钻形，边缘有睫毛。叶远生，柄长6~12cm，禾秆色；叶片五角形，长宽各18~20cm或长稍过于宽，先端渐尖，基部浅心脏形，三回羽状；羽片对生或近对生，有短柄，斜展，裂片椭圆形；叶脉明显，绿褐色，叉状分枝，每尖齿有小脉1条，不达叶边；叶坚草质，叶轴向顶部有狭翅。孢子囊群着生于小脉顶端，每裂片有1枚；囊群盖管状，长超过宽2倍，先端截形，不达到尖齿的弯缺处，外侧有长尖角，膜质，灰白色，半透明。

【分布与生境】产于乐清等地。附生于海拔700m以下的岩石、石缝或树干上。

【保护价值】根状茎入药，有坚骨、补肾之效。

【致危因素】分布区狭窄；种群数量极少。

【保护措施】加强生境保护。

020 竹柏
Nageia nagi (Thunb.) Kuntze

罗汉松科 Podocarpaceae　竹柏属 *Nageia* Gaertn.

国家重点保护名录	浙江省重点保护名录	红色名录等级	CITES	IUCN
	列入	濒危（EN）		近危（NT）

【形态特征】乔木，高达20m，胸径50cm。树皮近于平滑，成小块薄片脱落；树冠广圆锥形。叶对生，革质，长卵形、卵状披针形或披针状椭圆形，有多数并列的细脉，无中脉，长3.5~9cm，宽1.5~2.5cm，上面深绿色，有光泽，下面浅绿色，基部楔形或宽楔形。雄球花穗状圆柱形，单生叶腋，长1.8~2.5cm，基部有少数三角状苞片；雌球花常单生叶腋，基部有数枚苞片，花后不肥大成种托。种子圆球形，成熟时假种皮暗紫色，有白粉，有苞片脱落痕；骨质外种皮黄褐色，顶端圆，基部尖，密被细小的凹点，内种皮膜质。花期3~4月，种子10月成熟。

【分布与生境】产于乐清、永嘉、鹿城、瓯海、瑞安、文成、平阳、苍南、泰顺等地。常见栽培，偶有逸生。生于海拔200~500m的溪边、路旁与山坡常绿阔叶林中。

【保护价值】有净化空气、抗污染和强烈驱蚊的效果；是雕刻以及制作家具、胶合板的优良用材；具有较高的观赏、生态、药用和经济价值。

【致危因素】过度采挖（伐），野生个体少。

【保护措施】禁止采挖（伐）；加强生境保护。

021 罗汉松
Podocarpus macrophyllus (Thunb.) Sweet

罗汉松科 Podocarpaceae　　罗汉松属 *Podocarpus* L'Hér. ex Pers.

国家重点保护名录	浙江省重点保护名录	红色名录等级	CITES	IUCN
二级		易危（VU）		

【形态特征】乔木，高达20m，胸径达60cm。树皮浅纵裂，成薄片状脱落。枝开展或斜展，较密。叶螺旋状着生，条状披针形，微弯，长7~12cm，宽7~10mm，先端尖，基部楔形，上面深绿色，有光泽，中脉显著隆起，下面带白色、灰绿色或淡绿色。雄球花穗状、腋生，常3~5个簇生于极短的总梗上，长3~5cm，基部有数枚三角状苞片；雌球花单生叶腋，有梗，基部有少数苞片。种子卵圆形，径约1cm，先端圆，熟时肉质假种皮紫黑色，有白粉；种托肉质圆柱形，红色或紫红色，柄长1~1.5cm。花期4~5月，种子8~9月成熟。

【分布与生境】产于乐清、文成、泰顺等地。生于海拔100~800m的山地、路旁。

【保护价值】材质细致均匀，易加工，可作家具、器具、文具及农具等用；常用的园林观赏树。

【致危因素】过度采挖（伐）；野生个体少。

【保护措施】禁止采挖（伐）；加强生境保护。

022 百日青
Podocarpus neriifolius D. Don

罗汉松科 Podocarpaceae　罗汉松属 *Podocarpus* L'Hér. ex Pers.

国家重点保护名录	浙江省重点保护名录	红色名录等级	CITES	IUCN
二级	列入	易危（VU）		

【形态特征】乔木，高达25m，胸径约50cm。树皮灰褐色，薄纤维质，成片状纵裂。枝条开展或斜展。叶螺旋状着生，披针形，厚革质，常微弯，长7~15cm，宽9~13mm，上部渐窄，先端有渐尖的长尖头，萌生枝上的叶稍宽、有短尖头；基部渐窄，楔形，有短柄，上面中脉隆起，下面微隆起或近平。雄球花穗状，单生或2~3个簇生，长2.5~5cm，总梗较短，基部有多数螺旋状排列的苞片。种子卵圆形，长8~16mm，顶端圆或钝，熟时肉质假种皮紫红色，种托肉质橙红色，梗长9~22mm。花期5月，种子10~11月成熟。

【分布与生境】据《泰顺县维管束植物名录》记载泰顺有分布，但未见标本。

【保护价值】木材黄褐色，纹理直，结构细密，硬度中等，可供家具、乐器、文具及雕刻等用材；又可作庭园树用。

023 福建柏

Fokienia hodginsii (Dunn) A. Henry et H. H. Thomas

柏科 Cupressaceae　福建柏属 *Fokienia* A. Henry et H. H. Thomas

国家重点保护名录	浙江省重点保护名录	红色名录等级	CITES	IUCN
二级		易危（VU）		易危（VU）

【形态特征】乔木，高达17m。树皮紫褐色，平滑。生鳞叶的小枝扁平，二三年生枝圆柱形。鳞叶2对交叉对生，成节状，生于幼树或萌芽枝上的中间叶呈楔状倒披针形，长4~7mm，宽1~1.2mm，上面蓝绿色，两侧具凹陷的白色气孔带；侧面叶对折，近长椭圆形，背有棱脊，背侧面具1凹陷的白色气孔带；生于成龄树上的叶较小。雄球花近球形，长约4mm。球果近球形，熟时褐色，径2~2.5cm。种鳞顶部多角形，表面皱缩稍凹陷，中间有一小尖头突起；种子顶端尖，具3~4棱，上部有两个大小不等的翅。花期3~4月，种子翌年10~11月成熟。

【分布与生境】产于文成、泰顺等地。生于海拔100~1200m的山地林中。

【保护价值】单种属，具有很高的科研价值；木材的边材淡红褐色，心材深褐色，纹理细致，坚实耐用，可供房屋建筑、桥梁、土木工程及家具等用材。生长快，材质好，可作造林树种。

【致危因素】过度采伐；分布区狭窄。

【保护措施】禁止采伐；加强生境保护。

024 粗榧
Cephalotaxus sinensis (Rehder et E. H. Wilson) H. L. Li

红豆杉科 Taxaceae 三尖杉属 *Cephalotaxus* Siebold et Zucc. ex Endl.

国家重点保护名录	浙江省重点保护名录	红色名录等级	CITES	IUCN
		近危（NT）		

【形态特征】灌木或小乔木，高达15m。树皮裂成薄片状脱落。叶条形，排列成两列，长2~5cm，宽约3mm，基部近圆形，几无柄，上部通常与中下部等宽或微窄，先端通常渐尖或微凸尖，上面深绿色，中脉明显，下面有2条白色气孔带，较绿色边带宽2~4倍。雄球花6~7聚生成头状，径约6mm，基部及总梗上有多数苞片；雄球花卵圆形，基部有1枚苞片；雄蕊4~11枚，花丝短，花药2~4个。种子通常2~5个着生于轴上，卵圆形、椭圆状卵形或近球形，长1.8~2.5cm，顶端中央有一小尖头。花期3~4月，种子8~10月成熟。

【分布与生境】产于永嘉、瑞安、泰顺等地。生于海拔200~600m的花岗岩、砂岩及石灰岩山地和沟谷杂木林中。

【保护价值】木材坚实，可作农具及工艺等用；叶、枝、种子、根可提取多种植物碱，对白血病及淋巴肉瘤等有一定疗效；可作庭园树种。

【致危因素】居群及个体少。

【保护措施】加强生境保护。

025 南方红豆杉

Taxus wallichiana var. *mairei* (Lemée et H. Lév.) L. K. Fu et Nan Li—*T. mairei* (Lemée et H. Lév.) S. Y. Hu—*T. mairei* (Lemée et H. Lév.) S. Y. Hu

红豆杉科 Taxaceae 红豆杉属 *Taxus* L.

国家重点保护名录	浙江省重点保护名录	红色名录等级	CITES	IUCN
一级		易危（VU）		濒危（EN）

【形态特征】常绿乔木。树皮淡灰色，纵裂成长条薄片；芽鳞顶端钝或稍尖，脱落或部分宿存于小枝基部。叶2列，近镰刀形，长1.5~4.5cm，背面中脉带上无乳头角质突起，或有时有零星分布，或与气孔带邻近的中脉两边有1至数条乳头状角质突起，颜色与气孔带不同，淡绿色，边带宽而明显。种子倒卵圆形或柱状长卵形，长7~8mm，通常上部较宽，生于红色肉质杯状假种皮中。

【分布与生境】除龙湾、洞头外全市都有分布。生于海拔150~500m的常绿阔叶林或混交林内。

【保护价值】白垩纪孑遗植物，具有很高的科研价值；材质坚硬，刀斧难入，可供建筑、高级家具、室内装修、车辆、铅笔杆等用；枝叶浓郁，树型优美，假种皮红色，具有极高的园林观赏价值。

【致危因素】过度采挖（伐）。

【保护措施】禁止采挖（伐）；加强生境保护。

026 榧
Torreya grandis Fortune ex Lindl.

红豆杉科 Taxaceae　榧属 *Torreya* Arn.

国家重点保护名录	浙江省重点保护名录	红色名录等级	CITES	IUCN
二级				

【形态特征】乔木，高达25m，胸径55cm。树皮不规则纵裂。一年生枝绿色，无毛。二三年生枝黄绿色、淡褐黄色或暗绿黄色。叶条形，列成两列，长1.1~2.5cm，宽2.5~3.5mm，先端凸尖，上面光绿色，下面淡绿色，气孔带常与中脉带等宽，绿色边带与气孔带等宽或稍宽。雄球花圆柱状，长约8mm，基部的苞片有明显的背脊，雄蕊多数，各有4个花药，药隔先端宽圆有缺齿。种子椭圆形、卵圆形、倒卵圆形或长椭圆形，熟时假种皮淡紫褐色，有白粉，顶端微凸，基部具宿存的苞片，胚乳微皱；初生叶三角状鳞形。花期4月，种子翌年10月成熟。

【分布与生境】产于文成、泰顺等地。生于海拔400~800m的针阔混交林中。

【保护价值】可用作建筑、造船、家具等的优良木材；种子为可食用的干果，亦可榨食用油；其假种皮可提炼芳香油（香榧壳油）。

【致危因素】过度采挖（伐）。

【保护措施】禁止采挖（伐）；加强生境保护。

027 长叶榧
Torreya jackii Chun

红豆杉科 Taxaceae　榧属 *Torreya* Arn.

国家重点保护名录	浙江省重点保护名录	红色名录等级	CITES	IUCN
二级		易危（VU）		濒危（EN）

【形态特征】常绿小乔木或多分枝灌木。树皮老后成片状剥落。枝条轮生或对生，开展或小枝下垂；幼枝绿色，2~3年生红褐色，有光泽。叶对生，2列，质硬，线状披针形，长3~13cm，宽3~4mm，先有渐尖的刺状尖头，有短柄，上面绿色，下面淡黄绿色，有2条较绿色边带窄的灰白色气孔带。雌雄同株，雄球花单生叶腋，具4~8轮、每轮4枚雄蕊；雌球花成对生于叶，各具2对交互对生的苞片和1枚侧生的小苞片；胚珠单生，直立，仅1个球花发育。全部种子被肉质假种皮所包，倒卵圆形，成熟时红黄色，被白粉；胚明显向内深皱。

【分布与生境】产于永嘉、泰顺等地。生于海拔500~950m的沟边或针阔混交林下。

【保护价值】我国特有的孑遗植物，具有很高的科研价值；枝叶浓郁，树形优美，具有很高的观赏价值。

【致危因素】居群及个体少。

【保护措施】加强生境保护。

028 金钱松
Pseudolarix amabilis (J. Nelson) Rehder

松科 Pinaceae　金钱松属 *Pseudolarix* Gordon et Glend.

国家重点保护名录	浙江省重点保护名录	红色名录等级	CITES	IUCN
二级		易危（VU）		

【形态特征】落叶乔木，高达40m，胸径达1.5m。树干通直，树皮裂成不规则的鳞片状块片；树冠宽塔形。矩状短枝有密集成环节状的叶枕。叶条形，柔软，镰状或直；长2~5.5cm，宽1.5~4mm，上面绿色，下面蓝绿色，秋后呈金黄色，中脉明显，每边有5~14条气孔线。雄球花黄色，圆柱状，下垂；雌球花紫红色，直立椭圆形。球果卵圆形或倒卵圆形，熟时淡红褐色；中部的种鳞卵状披针形，两侧耳状，先端钝有凹缺；苞鳞长约种鳞的1/4~1/3，卵状披针形，边缘有细齿。种子卵圆形，种翅三角状披针形。花期4月，球果10月成熟。

【分布与生境】产于永嘉、瑞安、文成、泰顺等地，栽培或逸生。生于在海拔800m以下的路旁或林缘。

【保护价值】木材纹理通直，硬度适中，可作材用；树皮可提栲胶和造纸；根皮入药，可治顽癣和食积等症；种子可榨油；树姿优美，秋后叶呈金黄色，可作庭园观赏树。

【致危因素】分布区狭窄；种群数量较少。

【保护措施】加强生境保护。

029 黄杉
Pseudotsuga sinensis Dode

松科 Pinaceae   黄杉属 *Pseudotsuga* Carrière

国家重点保护名录	浙江省重点保护名录	红色名录等级	CITES	IUCN
二级				

【形态特征】乔木。树干高大通直；树皮裂成不规则块状。小枝淡黄色绿色或灰色；主枝通常无毛；侧枝被灰褐色短毛。叶条形短柄，长1.5~3cm，宽约2mm，先端凹缺，上面中脉凹陷，下面中脉隆起，有两条白色气孔带。球果下垂，卵圆形或椭圆状卵圆形，长4.5~8cm，熟时褐色；中部种鳞蚌壳状、扇状、斜方状圆形，长约2.5cm，宽约3cm；基部两侧有凹缺，鳞背密生短毛，苞鳞长而外露，先端三裂，反曲，中裂片长渐尖。种子密生褐色短毛，长约9mm，种翅较种子长。

【分布与生境】产于文成、泰顺等地。生于针阔混交林中。

【保护价值】木材纹理直，结构细致，可供房屋建筑、桥梁、电杆、板料、家具、文具及人造纤维原料等用材；黄杉的适应性强，生长较快，在产区的高山中上部可作为造林树种。

【致危因素】分布区狭窄；个体稀少。

【保护措施】加强生境保护；开展人工保育研究。

030 莼菜 蓴菜
Brasenia schreberi J. F. Gmel.

莼菜科 Cabombaceae　　莼菜属 *Brasenia* Schreb.

国家重点保护名录	浙江省重点保护名录	红色名录等级	CITES	IUCN
二级		极危（CR）		

【形态特征】多年生水生草本。根状茎匍匐，具沉水叶及匍匐枝。地上茎细长，多分枝，嫩茎、叶及花梗被透明胶质物。浮水叶盾状着生，椭圆形，长5~10cm，宽3~6cm，全缘，上面绿色，下面紫红色，两面无毛；叶柄长25~40cm，着生于叶片中央。花单生于叶腋，暗紫色，直径1~2cm；花梗长6~10cm；萼片3~4，绿褐色或紫褐色，宿存；花瓣3~4，紫褐色，宿存。坚果革质，数个聚生，不开裂。种子1~2，卵形。花期5~9月，果期10月至翌年2月。

【分布与生境】产于乐清、文成、泰顺。生于海拔700m以上的山塘或山地沼泽中。

【保护价值】嫩茎、叶富含胶质、多糖、维生素等，口感滑嫩，是珍贵的蔬菜；全草入药，有清热解毒、利水消肿的功效；园林上可用于水体美化。

【致危因素】零星分布；原生境破坏；种群间相互隔离，基因交流困难。

【保护措施】人为制造山塘水田，增加其适宜生境；扩繁其野外种群；进行人工栽培，开发其食用、药用和观赏价值。

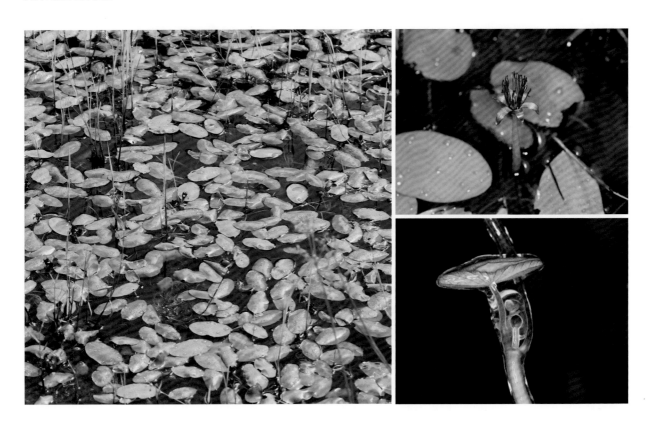

031 芡实 鸡头米
Euryale ferox Salisb.

睡莲科 Nymphaeaceae　芡属 *Euryale* Salisb.

国家重点保护名录	浙江省重点保护名录	红色名录等级	CITES	IUCN
	列入			

【形态特征】一年生水生草本。根状茎粗壮。叶二型，初生叶为沉水叶，箭形或椭圆形，两面无刺；次生叶为浮水叶；成株叶片圆形，盾状，直径0.5~3m，全缘，具1小凹缺和小突尖，上面深绿色，下面常紫色，两面在叶脉分枝处具锐刺。花单性，伸出水面，直径约5cm；萼片4，披针形；花瓣多数，比萼片小，长1.5~2cm，蓝紫色，呈数轮排列。浆果状果实近球形，直径4~6cm，密生硬锐刺。种子多数，球形，直径6~10mm，黑色。花期7~8月，果期8~10月。

【分布与生境】《泰顺县维管束植物名录》记载有分布，但未见标本。

【保护价值】种子粉含淀粉，可入药，亦可食用和酿酒；全草可作饲料或绿肥；亦可用于水体美化。

032 **睡莲 子午莲**
Nymphaea tetragona Georgi

睡莲科 Nymphaeaceae　　睡莲属 *Nymphaea* L.

国家重点保护名录	浙江省重点保护名录	红色名录等级	CITES	IUCN
	列入			

【形态特征】多年生水生草本。根状茎粗壮，直生或横走。叶片纸质，漂浮于水面，卵形或卵圆形，长5~12cm，宽4~10cm，全缘，上面绿色，光亮，下面带红色或紫色，两面无毛；叶柄长达60cm。花单生于花梗顶端，直径2~4cm，白色，通常午后开放；花萼4，宽披针形，长2~3.5cm，宿存；花瓣8~15，宽披针形、长圆形或倒卵形，长2~2.5cm；雄蕊多数，花药条形。果实球形，直径2~2.5cm，被宿萼包裹。种子多数，椭球形，长2~3mm，黑色。花期6~8月，果期8~10月。

【分布与生境】产于永嘉、文成、泰顺。生于海拔60~1500m的丘陵池塘或山地沼泽中。

【保护价值】根状茎可食用或酿酒；全草可作绿肥；可用于水体美化。

【致危因素】零星分布；原生境破坏；种群间相互隔离，基因交流困难。

【保护措施】人为制造山塘水田，增加其适宜生境；扩繁其野外种群；进行人工栽培，开发其食用和观赏价值。

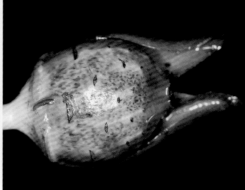

033 福建马兜铃
Aristolochia fujianensis S. M. Hwang

马兜铃科 Aristolochiaceae　　马兜铃属 *Aristolochia* L.

国家重点保护名录	浙江省重点保护名录	红色名录等级	CITES	IUCN
		易危（VU）		

【形态特征】草质藤本。植物各部密被黄棕色多节柔毛。茎具纵沟。叶片厚纸质，圆心形或宽卵状心形，长与宽均为4~12cm，先端急尖，基部深心形，全缘，基出脉5或7，网脉明显；叶柄长2~6cm。花单生或3~4朵排成腋生总状花序；花梗长5~15mm；花被筒黄绿色带紫色条纹，基部膨大呈球形，檐部一侧极短，一侧延伸披针形的长舌片，先端具长1~2cm的条状尖头。蒴果长椭球形或长倒卵形，长约2cm，直径约1cm。种子卵状三角形，长与宽均约3mm。花期3~4月，果期5~8月。

【分布与生境】产于永嘉、瑞安、苍南。生于山地沟边林下。

【保护价值】中国特有种，是研究马兜铃属系统发育的重要材料。

【致危因素】分布区狭小；原生境被破坏。

【保护措施】加强原生境保护；减少人为干扰。

034 柳叶蜡梅 黄金茶
Chimonanthus salicifolius S. Y. Hu

蜡梅科 Calycanthaceae　蜡梅属 *Chimonanthus* Lindl.

国家重点保护名录	浙江省重点保护名录	红色名录等级	CITES	IUCN
		近危（NT）		

【形态特征】半常绿灌木，高达3m。小枝被硬毛。叶对生；叶片薄革质，揉碎后有浓郁香气，长椭圆形、长卵状披针形、卵形或条状披针形，长3~12cm，宽1~3cm，先端钝或渐尖，全缘，上面粗糙，无光泽，下面灰绿色，有白粉，被短毛；叶柄被短毛。花单生于叶腋，直径2~2.8cm，白色或微黄色，几无香气；花被片15~20，外面近长圆形，中间条状披针形，里面卵状披针形。成熟果托近壶形，长2.3~3.6cm，先端收缩；瘦果长椭球形，长1~1.4cm。花期10~12月，果期次年5月。

【分布与生境】产于泰顺。生于海拔700m以下的沟谷、山坡疏林下或灌丛中。

【保护价值】为浙南传统中草药和饮品，其叶可入药，亦可代茶。

【致危因素】分布区狭窄；人为采挖；原生境破坏。

【保护措施】加强原生境保护；进行人工栽培，开发其药用和食用价值。

035 沉水樟 牛樟
Cinnamomum micranthum (Hayata) Hayata

樟科 Lauraceae　樟属 *Cinnamomum* Schaeff.

国家重点保护名录	浙江省重点保护名录	红色名录等级	CITES	IUCN
	列入	易危（VU）		

【形态特征】常绿乔木，高达20m。树皮不规则纵裂。小枝无毛，疏生圆形皮孔。叶互生；叶片长椭圆形至卵状椭圆形，长7.5~10cm，宽4~6cm，先端短渐尖，两侧稍不对称，上面深绿色，稍具光泽，无毛，脉腋在上面隆起，在下面具小腺窝，网脉在两面结成蜂窝状小穴；叶柄长2~3cm，无毛。圆锥花序顶生，间有腋生，花少数，黄绿色。果椭圆形至扁球形，长1.5~2.3cm，无毛，具斑点，有光泽。花期7~8月，果期9~10月。

【分布与生境】产于乐清、永嘉、瑞安、文成、平阳、苍南、泰顺。生于海拔700m以下沟谷山坡的常绿阔叶林中。

【保护价值】植株可提取芳香油，含有黄樟油素，是工业上的重要原料。

【致危因素】零散分布；人为砍伐；原生境破坏。

【保护措施】加强原生境保护；进行人工栽培，开发其工业价值。

036 闽楠
Phoebe bournei (Hemsl.) Y. C. Yang

樟科 Lauraceae　　楠属 *Phoebe* Nees

国家重点保护名录	浙江省重点保护名录	红色名录等级	CITES	IUCN
二级		易危（VU）		近危（NT）

【形态特征】常绿大乔木，高达20m。叶革质，披针形至倒披针形，长7~15cm，宽2~4cm，先端渐尖至长渐尖，上面深绿色，有光泽，下面稍淡，被短柔毛，脉上被长柔毛，中脉在上面凹下，在下面隆起，网脉致密，在下面结成网状；叶柄长5~12mm。花序于新枝中下部腋生，被毛，长3~10cm，分枝紧密；花被裂片两面被短柔毛。果椭圆形或长圆形，长1.1~1.6cm，直径6~7mm，熟时蓝黑色，微被白粉。花期4月，果期10~11月。

【分布与生境】产于永嘉、瑞安、文成、平阳、泰顺。生于海拔1000m以下的常绿阔叶林中。

【保护价值】木材芳香耐久，纹理结构美观，木材属楠木类，为珍贵用材树种。

【致危因素】分布区狭窄；人为砍伐。

【保护措施】加强原生境母树保护；进行人工繁育和野外回归增加其野生种群密度；开展人工栽培，开发其材用价值。

037 浙江楠

Phoebe chekiangensis C. B. Shang

樟科 Lauraceae　楠属 *Phoebe* Nees

国家重点保护名录	浙江省重点保护名录	红色名录等级	CITES	IUCN
二级		易危（VU）		易危（VU）

【形态特征】常绿乔木，高达40m。树皮淡褐黄色，不规则纵裂。小枝有棱，密被柔毛。叶片革质，倒卵状椭圆形至倒卵状披针形，长7~13cm，宽3.5~5cm，先端突渐尖或长渐尖，上面幼时有短柔毛，下面被短柔毛，脉上被长柔毛，网脉下面明显；叶柄长1~1.5cm，密被黄褐色茸毛或柔毛。圆锥花序腋生，长5~10cm；花序梗和花梗密被黄褐色茸毛，花小，黄绿色；花被片卵形，两面被毛。果椭圆状卵形，长1.2~1.5cm，熟时蓝黑色，外被白粉。花期4~5月，果期9~10月。

【分布与生境】产于永嘉、瑞安、平阳、泰顺。生于低山丘陵常绿阔叶林中。

【保护价值】树干通直，材质坚硬，是建筑、家具等的优质用材。

【致危因素】分布区狭窄；人为砍伐。

【保护措施】加强原生境母树保护；进行人工繁育和野外回归，增加其野生种群密度；开展人工栽培，开发其材用价值。

038 厚朴

Houpoea officinalis (Rehder et E. H. Wilson) N. H. Xia et C. Y. Wu—*Magnolia officinalis* Rehder et E. H. Wilson subsp. *biloba* (Rehder et E. H. Wilson) Y. W. Law

木兰科 Magnoliaceae　厚朴属 *Houpoea* N. H. Xia et C. Y. Wu

国家重点保护名录	浙江省重点保护名录	红色名录等级	CITES	IUCN
二级				

【形态特征】落叶乔木，高达20m。树皮灰色，不裂，有突起圆形皮孔。叶大，近革质，常7~12片聚生于枝梢；叶片长圆状倒卵形，长20~30cm，先端凹缺成2钝圆的浅裂片，基部楔形，全缘或微波状，上面绿色，无毛，下面灰绿色，有白粉。花大而芳香，与叶同时开放，白色，直径10~15cm；花被片9~12，厚肉质，外轮花被片淡绿色，内两轮花被片白色。聚合果长圆状卵形，长9~15cm。种子三角状倒卵形，外种皮红色，长约1cm。花期4~5月，果期9~10月。

【分布与生境】产于永嘉、文成、泰顺。生于海拔1200m以下的山坡林中。

【保护价值】树皮"厚朴"为著名中药材；花、果可入药；花大而美丽，为观赏树种。

【致危因素】人为采剥树皮导致死亡；原生境破坏。

【保护措施】加强原生境保护；禁止人为采剥；进行人工栽培，开发其药用和观赏价值。

039 鹅掌楸 马褂木
Liriodendron chinense (Hemsl.) Sarg.

木兰科 Magnoliaceae　鹅掌楸属 *Liriodendron* L.

国家重点保护名录	浙江省重点保护名录	红色名录等级	CITES	IUCN
二级				近危（NT）

【形态特征】落叶大乔木，高达40m。树皮灰白色，浅裂。叶互生；叶片形似马褂，长6~16cm，先端平截或微凹，边缘具1对侧裂片，两面无毛，上面深绿色，下面苍白色；叶柄长4~14cm。花单生于枝顶，杯状，直径约5cm；花被片9，外轮3片淡绿色，萼片状，内轮6片黄绿色，花瓣状，内面具黄色纵条纹；花药长10~16mm，花丝长5~6mm。聚合果纺锤形，长5~6cm；小坚果连翅长约1.5cm。花期4~6月，果期9~10月。

【分布与生境】产于永嘉、文成、苍南、泰顺。生于海拔700~1200m的阔叶林中。

【保护价值】叶奇特，花大而美丽，可作观赏；亦可作材用和药用。

【致危因素】自然繁育能力低下；分布区狭窄；原生境被破坏；人为滥伐。

【保护措施】在采取就地保护的基础上，进行人工繁育和野外回归。

040 野含笑
Michelia skinneriana Dunn

木兰科 Magnoliaceae　含笑属 *Michelia* L.

国家重点保护名录	浙江省重点保护名录	红色名录等级	CITES	IUCN
	列入			

【形态特征】常绿乔木，高达5~15m。树皮灰白色，平滑。芽、幼枝、叶柄、叶下面中脉、花梗均密被褐色长柔毛。叶片革质，窄倒卵状椭圆形、倒披针形或窄椭圆形，长5~12cm，宽1.5~4cm，先端尾状渐尖；叶柄长2~4mm。花单生于叶腋，淡黄色，芳香；花被片6，长1.6~2cm，外轮3片，基部被褐色毛。聚合果长4~7cm，常因部分心皮不发育而弯曲，具细长的梗；蓇葖果近球形，熟时黑色，长1~1.5cm，具短尖的喙。花期5~6月，果期8~9月。

【分布与生境】产于瓯海、瑞安、文成、泰顺。生于海拔800m以下的山坡阔叶林中。

【保护价值】为园林观赏植物含笑的近缘种，在含笑属品种培育上具有较高的园艺价值。

【致危因素】零星分布；薪材砍伐；原生境破坏。

【保护措施】加强原生境保护；禁止人为砍伐。

041 乐东拟单性木兰 乐东木兰
Parakmeria lotungensis (Chun et C. H. Tsoong) Y. W. Law

木兰科 Magnoliaceae　拟单性木兰属 *Parakmeria* Hu et Cheng

国家重点保护名录	浙江省重点保护名录	红色名录等级	CITES	IUCN
	列入	易危（VU）		濒危（EN）

【形态特征】常绿乔木，高达15m。树皮灰白色。叶互生；叶片革质，椭圆形，长6~11cm，宽2.5~3.5cm，先端钝尖，叶柄长1.5~2cm；无托叶痕。花杂性，雄花与两性花异株；雄花花被片9~14，外轮3~4枚浅黄色，内2~3轮乳白色，雄蕊30~70；两性花花被片与雄花同形而较小，雄蕊10~35。聚合果长圆形，长3~6cm；外种皮鲜红色。花期4~5月，果期10~11月。

【分布与生境】产于瑞安、文成、泰顺。生于海拔600~1 200m的山坡、沟谷常绿阔叶林中。

【保护价值】常绿乔木，形态优美，可作园林观赏树种。

【致危因素】分布区狭小；零星分布。

【保护措施】加强原生境母树保护；进行人工繁育和野外回归增加其野外种群数量。

042 天目玉兰

Yulania amoena (W. C. Cheng) D. L. Fu—*Magnolia amoena* W. C. Cheng

木兰科 Magnoliaceae　玉兰属 *Yulania* Spach

国家重点保护名录	浙江省重点保护名录	红色名录等级	CITES	IUCN
	列入	易危（VU）		易危（VU）

【形态特征】阔叶乔木，高达12m。树皮灰色，平滑。顶芽、花蕾、花梗及果梗均密被平伏白色长绢毛。叶互生；叶片倒披针形或倒披针状椭圆形，长9~15cm，宽3~5cm，先端渐尖或急尖成尾状，基部圆形，上面无毛，下面沿脉或脉腋有弯曲短柔毛；叶柄长1~1.5cm。花芳香，先叶开放，直径约6cm；花被片9，一型，排成3轮，长5~6.5cm，外面粉红色或下部紫色。聚合果呈不规则细柱形，常弯曲。花期3-4月，果期9-10月。

【分布与生境】产于泰顺。生于海拔150~1200m的阴坡或沟谷阔叶林中。

【保护价值】花大，粉红色，具有一定的园林观赏价值，可用于庭院栽培。

【致危因素】分布区狭窄；原生境被破坏。

【保护措施】在采取就地保护的基础上，进行人工繁育和野外回归。

043 黄山玉兰

Yulania cylindrica (E. H. Wilson) D. L. Fu—*Magnolia cylindrica* E. H. Wilson

木兰科 Magnoliaceae   玉兰属 *Yulania* Spach

国家重点保护名录	浙江省重点保护名录	红色名录等级	CITES	IUCN
				易危（VU）

【形态特征】落叶乔木，高达10m。树皮淡灰褐色，平滑。幼枝、叶柄、叶片下面、花蕾、花梗被均匀的淡黄色短绢毛。叶互生；叶片倒卵形或倒卵状椭圆形，长6~13cm，宽3~6cm，先端钝尖或圆，上面绿色，下面灰绿色；叶柄长1~2cm，有狭沟。花直立，先叶开放；花被片9，二型；外轮3枚萼片状，白色略带紫绿色；内6枚花瓣状，白色，外面下部及沿中肋常带紫红色。蓇葖果圆柱形，通直或稍弯曲，下垂，成熟时呈红色。花期3~4月，果期8~10月。

【分布与生境】产于永嘉、文成、泰顺。生于海拔900m以上的阔叶林中。

【保护价值】花期早，抗性好，花大且紫红，可用于园林观赏。

【致危因素】分布区狭窄，原生境被破坏。

【保护措施】在采取就地保护的基础上，进行人工繁育和野外回归。

044 玉兰 白玉兰
Yulania denudata (Desr.) D. L. Fu—*Magnolia denudata* Desr.

木兰科 Magnoliaceae　玉兰属 *Yulania* Spach

国家重点保护名录	浙江省重点保护名录	红色名录等级	CITES	IUCN
		近危（NT）		

【形态特征】落叶乔木，高达25m。树皮深灰色，不规则块状剥落。冬芽及花梗密被灰黄色长柔毛。叶互生；叶片纸质，宽倒卵形或倒卵状椭圆形，长8~18cm，宽6~10cm，先端宽圆或平截，具短突尖，基部近圆形，两面沿脉被柔毛；叶柄长1~2.5cm，被柔毛。花芳香，先叶开放，直立，直径12~15cm；花被片9，一型，栽培者白色，野生者外面中下部常呈紫色。聚合果长而扭曲，长8~17cm；蓇葖果厚木质，具白色皮孔。花期3月，偶见7~9月第二次开花，果期9~10月。

【分布与生境】本市各地常见栽培，有时逸生。生于海拔300~1000m的山地林中。

【保护价值】花大且洁白，为优良园林观赏树；花蕾入药，花可提制浸膏。

【致危因素】分布区狭窄；原生境破坏。

【保护措施】采取就地保护的基础上进行人工繁育和野外回归。

045 景宁玉兰

Yulania sinostellata (P. L. Chiu et Z. H. Chen) D. L. Fu—*Magnolia sinostellata* P. L. Chiu et Z. H. Chen

木兰科 Magnoliaceae 玉兰属 *Yulania* Spach

国家重点保护名录	浙江省重点保护名录	红色名录等级	CITES	IUCN
	列入			濒危（EN）

【形态特征】落叶灌木或小乔木，高达2~3m，多呈丛生状。叶互生；叶片椭圆形、狭椭圆形至倒卵状椭圆形，长7~12cm，宽2.5~4cm，先端渐尖或尾尖，两面无毛或下面脉腋被白色柔毛；叶柄长0.3~1.2cm。花单生于枝顶，芳香，先叶开放，直径5~7cm；花蕾、花梗密被黄色绢毛；花被片12~18，一型，排成4~6轮，初时淡红色，后渐变淡，长3~4.5cm。聚合果圆柱形，微弯。花期2~3月，果期8~9月。

【分布与生境】产于乐清。生于海拔900m左右的灌木林中。

【保护价值】花被片数量多，花大且芳香，株型优美，具有较高的园林观赏价值，可用于庭院栽培。

【致危因素】分布区狭窄；种群之间相互隔离，基因交流少。

【保护措施】进行人工繁育和野外回归，增加其原生境种群密度；进行人工栽培，开发其观赏价值。

046 盾叶半夏
Pinellia peltata C. Pei

天南星科 Araceae　半夏属 *Pinellia* Ten.

国家重点保护名录	浙江省重点保护名录	红色名录等级	CITES	IUCN
		易危（VU）		

【形态特征】块茎近球形，直径1~2.5cm。叶2~3，叶柄长27~33cm；叶片盾状着生，深绿色，卵形或长圆形，全缘，基部深心形，短渐尖，长10~17cm，宽5.5~12cm。花序柄长7~15cm。佛焰苞黄绿色，管部卵圆形，长8mm；檐部展开，长3~4cm，宽5~8mm，钝。肉穗花序：雌花序长5mm，花密；雄花序长约6mm；附属器长约10cm，向上渐细。浆果卵圆形，锐尖。种子球形。花期5月。

【分布与生境】产于乐清、永嘉、鹿城、瓯海、瑞安、平阳、文成、苍南、泰顺等地。生于海拔900m以下的溪沟边湿地或阴湿渗水的崖壁或石缝中。

【保护价值】茎制药后有燥湿化痰、降逆止呕、消痞散结之功效。

【致危因素】过度采挖。

【保护措施】禁止采挖；加强生境保护。

047 水车前 龙舌草
Ottelia alismoides (L.) Pers.

水鳖科 Hydrocharitaceae   水车前属 *Ottelia* Pers.

国家重点保护名录	浙江省重点保护名录	红色名录等级	CITES	IUCN
二级	列入			

【形态特征】沉水草本。茎短缩。叶基生，膜质；叶片形态变异大，长约20cm，宽约18cm，或更大；叶柄长2~40cm。两性花，偶见单性花；佛焰苞椭圆形至卵形，长2.5~4cm，宽1.5~2.5cm，顶端2~3浅裂，有3~6条纵翅，翅有时成折叠的波状，在翅不发达的脊上有时出现瘤状突起；总花梗长40~50cm；花无梗，单生；花瓣白色、淡紫色或浅蓝色；雄蕊3~9（~12）枚，花丝具腺毛，花药条形，黄色，药隔扁平；子房下位，近圆形，心皮3~9（~10）枚，侧膜胎座；花柱6~10，2深裂。种子多数，纺锤形；种皮上有纵条纹，被有白毛。花期4~10月。

【分布与生境】产于乐清、永嘉、鹿城、瓯海、龙湾、泰顺等地。常生于水田、水沟和池塘中。

【保护价值】全株可作蔬菜、饵料、饲料、绿肥以及药用等。

【致危因素】水体污染；近来种群数量急剧下降。

【保护措施】加强生境保护。

048 利川慈姑

Sagittaria lichuanensis J. K. Chen, X. Z. Sun et H. Q. Wang

泽泻科 Alismataceae　慈姑属 *Sagittaria* Ruppius ex L.

国家重点保护名录	浙江省重点保护名录	红色名录等级	CITES	IUCN
				濒危（EN）

【形态特征】多年生沼生草本。叶挺水，直立，叶片箭形，全长约15cm，顶裂片长4.5~8cm，宽2.5~6cm，具7~9脉，侧裂片长6~9cm，具5~7脉；叶柄基部具鞘，边缘近膜质，鞘内具珠芽。珠芽褐色，倒卵形。花葶直立，挺水，高32~60cm，圆柱状；圆锥花序长15~20cm，具花4至多轮，每轮2~3花；苞片纸质，分离或多少合生。花单性；外轮花被片卵形，纸质，宿存，花后向上，包至心皮顶部，内轮花被片白色，与外轮近等长或稍短；雌花通常1轮；雄花多轮，花梗细长，雄蕊多数，花药黄色。花果期7~8月。

【分布与生境】产于瑞安、苍南等地。生于沟谷浅水湿地及水田中。

【保护价值】适合作水生或湿地植物。

【致危因素】生境破坏。

【保护措施】加强生境保护。

049 小慈姑 小叶慈姑
Sagittaria potamogetifolia Merr.

泽泻科 Alismataceae　　慈姑属 *Sagittaria* Ruppius ex L.

国家重点保护名录	浙江省重点保护名录	红色名录等级	CITES	IUCN
		易危（VU）		

【形态特征】多年生沼生或水生草本。沉水叶披针形，长2~9cm，宽2~4mm，叶柄细弱，长7~25cm；挺水叶箭形，全长3.5~11cm，顶裂片长1.5~5cm，宽2~10mm，先端渐尖，主脉粗壮，侧脉不明显，侧裂片长2~6cm，宽1.5~6mm，主脉偏于内侧，叶柄长8.5~21cm，基部渐宽，鞘状。花葶高19~36cm，直立，挺水，通常高于叶；花序总状，花轮生，2~6轮；苞片长2.5~5mm，宽2~3mm，先端尖。瘦果近倒卵形，长5~7mm，宽4.5~6mm，两侧压扁，背翅波状；果喙自腹侧伸出，宿存，长0.5~1mm。花果期5-11月。

【分布与生境】产于文成、泰顺等地。生于水田、沼泽、溪沟浅水处。

【保护价值】为低脂肪、高碳水化合物蔬菜；具有清肺散热、润肺止咳之功效；适合作水生或湿地植物。

【致危因素】生境破坏。

【保护措施】加强生境保护。

050 福州薯蓣 福萆薢
Dioscorea futschauensis Uline ex R. Kunth

薯蓣科 Dioscoreaceae　薯蓣属 *Dioscorea* Plum. ex L.

国家重点保护名录	浙江省重点保护名录	红色名录等级	CITES	IUCN
		近危（NT）		

【形态特征】缠绕草质藤本。根状茎横生，细硬，不规则长圆柱形，黄褐色，径1~3.5cm，干后粉质；茎左旋。叶近革质，基部叶掌状，7裂，裂片大小不等，中部以上叶卵状三角形，边缘波状或全缘，先端渐尖，基部心形、深心形或宽心形，下面网脉明显，两面沿叶脉疏生白刺毛。雌花序与雄花序相似；雌花花被6裂，退化雄蕊花药不完全或仅有花丝。蒴果三棱形，棱呈翅状，半圆形，长1.5~1.8cm，径1~1.2cm。种子着生果轴中部，成熟时四周有薄膜状翅。花期6~7月，果期7~10月。

【分布与生境】产于瓯海、瑞安、平阳、苍南、泰顺等地。生于海拔800m以下的山坡林缘或灌丛中。

【保护价值】根状茎含微量薯蓣皂苷元，福建当地作"萆薢"入药，用作清热解毒剂。

【致危因素】生境破坏；种群少。

【保护措施】加强生境保护。

051 光叶薯蓣
Dioscorea glabra Roxb.

薯蓣科 Dioscoreaceae　薯蓣属 *Dioscorea* Plum. ex L.

国家重点保护名录	浙江省重点保护名录	红色名录等级	CITES	IUCN
		易危（VU）		

【形态特征】缠绕草质藤本。根状茎粗，着生多个长圆柱状块茎，直生或斜生，断面白色，外皮脱落，干后纤维状；茎右旋。叶在茎下部互生，在中上部对生，通常卵形、长椭圆状卵形、卵状披针形或披针形，长5~24cm，宽0.5~13cm，先端渐尖或尾尖，有时凸尖，基部心形、圆或平截，稀箭形或戟形，全缘，基出脉5~9。雌花序为穗状花序，1~2生于叶腋。蒴果不反折，三棱状扁圆形，长1.5~2.5cm，径2.5~4.5cm。每室种子着生果轴中部，种子四周有膜质翅。花期9~12月，果期12月至翌年1月。

【分布与生境】据《泰顺县维管束植物名录》记载有分布，但未见标本。

【保护价值】块茎入药，有通经活络、止血止痢、调经等作用。

052 纤细薯蓣 白萆薢
Dioscorea gracillima Miq.

薯蓣科 Dioscoreaceae　薯蓣属 *Dioscorea* Plum. ex L.

国家重点保护名录	浙江省重点保护名录	红色名录等级	CITES	IUCN
		近危（NT）		

【形态特征】缠绕草质藤本。根状茎横生，竹节状，有丝状须根；茎左旋。单叶互生，有时在茎基部3~4片轮生；叶卵状心形，先端渐尖，基部心形、宽心形或近平截，全缘或微波状，有时边缘啮蚀状，两面无毛，下面常有白粉。雌花序与雄花序相似，雌花有6枚退化雄蕊。蒴果三棱形，棱呈翅状，长卵形，大小不一，长1.8~2.8cm，宽1~1.3cm；每室2种子，着生果轴中部；种子四周有薄膜状翅。花期5~8月，果期6~10月。

【分布与生境】产于乐清、永嘉、瑞安、文成、苍南、泰顺等地。生于海拔850m以下的山坡灌丛、沟边林下或林缘。

【保护价值】根茎入药，具有滋养、强身健体等功效；也可作副食品和酿酒原料。

【致危因素】过度采挖。

【保护措施】禁止采挖；加强生境保护。

053 细柄薯蓣

Dioscorea tenuipes Franch. et Sav.

薯蓣科 Dioscoreaceae　薯蓣属 *Dioscorea* Plum. ex L.

国家重点保护名录	浙江省重点保护名录	红色名录等级	CITES	IUCN
		易危（VU）		

【形态特征】缠绕草质藤本。根状茎横生；茎左旋。叶三角形，先端渐尖或尾状，基部宽心形，全缘或微波状，两面无毛。雄花序总状，长7~15cm，单生，稀2序腋生雄花有梗；花被淡黄色，基部连合呈管状，顶端6裂，裂片近倒披针形，平展，稍反曲；雄蕊6，着生花被管基部，3枚花药广歧式着生，3枚花药个字形着生，花时6花药常簇集，花药外向；雌花序与雄花序相似；雄蕊退化呈花丝状。蒴果干膜质，三棱形，棱成翅状，近半月形；每室种子着生果轴中部；种子四周有薄膜状翅。花期6~7月，果期7~9月。

【分布与生境】产于永嘉、文成、平阳、苍南、泰顺等地。生于海拔850m以下的林下或山坡灌丛。

【保护价值】根茎入药，具有祛风湿、舒筋活络等功效。

【致危因素】过度采挖。

【保护措施】禁止采挖。

054 金刚大
Croomia japonica Miq.

百部科 Stemonaceae　金刚大属 *Croomia* Torr.

国家重点保护名录	浙江省重点保护名录	红色名录等级	CITES	IUCN
	列入	濒危（EN）		

【形态特征】地下根状茎匍匐，节多数密集，节上具短的茎残留物。茎高达45cm，具纵槽，基部具4~5膜质鞘。叶常3~5，互生于茎上部；叶柄长0.5~1.5cm，紫红色；叶卵形或卵状椭圆形，长5~11cm，宽3.5~8cm，先端尖，基部稍心形，向叶柄稍下延。花小，单生或2~4组成总状花序；花序梗丝状，下垂，长1.5~2cm；花梗长0.8~1.2cm；苞片丝状，长3mm，具1条偏向一侧的脉；花被片黄绿色，呈十字形开展，宽卵形或卵状长圆形，近等大或内轮较外轮长，长1.5~3.5mm或更长，宽2.5~8mm，边缘反卷，具小乳突，果时宿存。花期5月。

【分布与生境】产于永嘉等地。生于海拔650m的山谷沟边灌丛或林下阴湿处。

【保护价值】金刚大是东亚的特有种，其同属另一个近似种分布于北美东南部。它的发现对阐明东亚与北美东部地区在古陆上的联系增加了一个例证。

【致危因素】易受到自然因素或人为因素的影响。

【保护措施】加强生境保护；开展人工保育研究。

055 华重楼

Paris polyphylla Sm. var. *chinensis* (Franch.) H. Hara

藜芦科 Melanthiaceae 重楼属 *Paris* L.

国家重点保护名录	浙江省重点保护名录	红色名录等级	CITES	IUCN
二级	列入	易危（VU）		

【形态特征】根状茎粗短，不等粗，密生环节。茎基部有膜质鞘。叶5~8枚轮生，通常7枚，倒卵状披针形、矩圆状披针形或倒披针形，基部通常楔形。花单生于茎顶，花被片每轮4~7，外轮叶状，绿色，内轮花被片狭条形，通常中部以上变宽，宽约1~1.5mm，长1.5~3.5cm，长为外轮的1/3至近等长或稍超过；雄蕊8~10枚，花药长1.2~1.5（~2）cm，为花丝长的3~4倍，药隔凸出部分长1~1.5(~2)mm。花期5~7月，果期8~10月。

【分布与生境】产于永嘉、文成、平阳、苍南、泰顺等地。生于海拔950m以下的山坡林下荫处或沟谷边的草丛中。

【保护价值】根茎入药，具有清热解毒、消肿止疼、息风定惊、平喘止咳等功效。

【致危因素】过度采挖。

【保护措施】禁止采挖；加强生境保护。

056 狭叶重楼

Paris polyphylla Sm. var. *stenophylla* Franch.—*P. lancifolia* Hayata

藜芦科 Melanthiaceae　重楼属 *Paris* L.

国家重点保护名录	浙江省重点保护名录	红色名录等级	CITES	IUCN
二级	列入	近危（NT）		

【形态特征】叶8~13（~22）枚轮生，披针形、倒披针形或条状披针形，有时略微弯曲呈镰刀状，长5.5~19cm，通常宽1.5~2.5cm，很少为3~8mm，先端渐尖，基部楔形；具短叶柄。外轮花被片叶状，5~7枚，狭披针形或卵状披针形，长3~8cm，宽（0.5~）1~1.5cm，先端渐尖头，基部渐狭成短柄；内轮花被片狭条形，远比外轮花被片长；雄蕊7~14枚，花药长5~8mm，与花丝近等长；药隔凸出部分极短，长0.5~1mm；子房近球形，暗紫色，花柱明显，长3~5mm，顶端具4~5分枝。花期6~8月，果期9~10月。

【分布与生境】产于文成、泰顺等地。生于海拔950m以下的沟边草丛或山谷岩缝中。

【保护价值】根茎入药，具有清热解毒、活血散瘀、平喘止咳、接骨等功效。

【致危因素】过度采挖。

【保护措施】禁止采挖；加强生境保护。

057 金线兰

Anoectochilus roxburghii (Wall.) Lindl.

兰科 Orchidaceae　金线兰属 *Anoectochilus* Blume

国家重点保护名录	浙江省重点保护名录	红色名录等级	CITES	IUCN
二级		濒危（EN）	附录Ⅱ	

【形态特征】植株高达18cm。茎具2~4叶。叶卵圆形或卵形，长1.3~3.5cm，上面暗紫或黑紫色，具金红色脉网或有时近无脉，下面淡紫红色；叶柄基部鞘状抱茎。花序具2~6花，长3~5cm，花序梗被柔毛，具2~3鞘状苞片；苞片淡红色，卵状披针形或披针形；子房被柔毛；花白或淡红色，萼片被柔毛，中萼片卵形，舟状，与花瓣粘贴呈兜状，侧萼片张开，近斜长圆形或长圆状椭圆形；花瓣近镰状，斜歪；唇瓣位于上方，呈"Y"字形，前部2裂，全缘，中部具爪，两侧各具6~8条流苏状细裂条。花期8~11月，果期9~12月。

【分布与生境】产于永嘉、瓯海、瑞安、文成、平阳、泰顺等地。生于毛竹林、常绿阔叶林下或沟谷阴湿处。

【保护价值】全草入药，具清热凉血、解毒消肿、润肺止咳之效。

【致危因素】过度采挖。

【保护措施】禁止采挖；加强生境保护；开展人工保育研究。

058 竹叶兰

Arundina graminifolia (D. Don) Hochr.

兰科 Orchidaceae 竹叶兰属 *Arundina* Blume

国家重点保护名录	浙江省重点保护名录	红色名录等级	CITES	IUCN
			附录 II	

【形态特征】植株高达80cm。根状茎在茎基部呈卵球形；茎数个丛生，圆柱形，细竹秆状，常为叶鞘所包，具多枚叶。叶线状披针形，薄革质或坚纸质，长8~20cm，宽0.3~1.5cm，基部鞘状抱茎。花序长2~8cm，具2~10花，每次开1花；苞片基部包花序轴；花粉红或略带紫或白色；萼片窄椭圆形或窄椭圆状披针形，长2.5~4cm；花瓣椭圆形或卵状椭圆形，与萼片近等长，宽1.3~1.5cm，唇瓣长圆状卵形，长2.5~4cm，3裂，侧裂片内弯，中裂片近方形，先端2浅裂或微凹，唇盘有3（~5）褶片。蒴果近长圆形，长约3cm。花期9~10月，果期10~11月。

【分布与生境】产于乐清、永嘉、瓯海、瑞安、文成、平阳、苍南、泰顺等地。生于溪谷山坡草地、林缘或沙边草丛中。

【保护价值】花美丽，可供观赏；根茎入药，具有清热解毒、祛风除湿、止痛、利尿等功效。

【致危因素】过度采挖。

【保护措施】禁止采挖。

059 白及

Bletilla striata (Thunb.) Rchb. f.

兰科 Orchidaceae   白及属 *Bletilla* Rchb. f.

国家重点保护名录	浙江省重点保护名录	红色名录等级	CITES	IUCN
二级		濒危（EN）	附录Ⅱ	

【形态特征】植株高达80cm。假鳞茎扁球形；茎粗壮。叶4~6。花序具3~10花；苞片长圆状披针形，长2~2.5cm；花紫红或淡红色；萼片和花瓣近等长，窄长圆形，长2.5~3cm；花瓣较萼片稍宽，唇瓣倒卵状椭圆形，长2.3~2.8cm，白色带紫红色，唇盘具5条纵褶片，从基部伸至中裂片近顶部，在中裂片波状，在中部以上3裂，侧裂片直立，合抱蕊柱，先端稍钝，宽1.8~2.2cm，伸达中裂片1/3，中裂片倒卵形或近四方形，长约8mm，宽约7mm，先端凹缺，具波状齿；蕊柱长1.8~2cm。花期4~6月，果期7~9月。

【分布与生境】产于永嘉、洞头、瑞安、文成、平阳、苍南、泰顺等地。生于山坡草丛、沟谷边滩地。

【保护价值】块根入药，具收敛止血、消肿生肌之效；花美丽，可供观赏。

【致危因素】过度采挖。

【保护措施】禁止采挖；加强生境保护；开展人工保育研究。

060 城口卷瓣兰 浙杭卷瓣兰
Bulbophyllum chondriophorum (Gagnep.) Seidenf.

兰科 Orchidaceae　石豆兰属 *Bulbophyllum* Thouars

国家重点保护名录	浙江省重点保护名录	红色名录等级	CITES	IUCN
			附录 II	易危（VU）

【形态特征】根状茎长而匍匐，纤细，具节，节上生根。假鳞茎卵球形，具4棱，在根状茎上远离着生，顶生1叶。叶革质，长圆形，长1.5~3.5cm，先端钝而凹。花葶从根状茎末端的假鳞茎基部长出，长约2cm，伞形花序具3或4花，花金黄色；中萼片卵形，凹陷，先端短急尖，边缘密生棒状腺毛，具5脉，侧萼片狭披针形，先端渐尖成尾状，中下部内侧边缘多少互相粘合，基部贴生于蕊柱足上；花瓣卵形，边缘密生棒状腺毛，基部约2/5贴生于蕊柱足上；唇瓣舌状，中部以上稍外弯，先端钝，基部具凹槽。花期5月。

【分布与生境】产于泰顺等地。附生于林中石壁或树干上。

【保护价值】花美丽，具有观赏价值。

【致危因素】自然分布区狭窄；过度采挖。

【保护措施】加强原生境保护；禁止采挖。

061 瘤唇卷瓣兰
Bulbophyllum japonicum (Makino) Makino

兰科 Orchidaceae 石豆兰属 *Bulbophyllum* Thouars

国家重点保护名录	浙江省重点保护名录	红色名录等级	CITES	IUCN
			附录 II	

【形态特征】假鳞茎在纤细根状茎上相距0.7~1.8cm，卵球形，长0.5~1cm，径3~5mm，顶生1叶。叶长圆形或斜长圆形，长3~4.5cm。花葶生于假鳞茎基部，长2~3cm，伞形花序具2~4花；花紫红色；中萼片卵状椭圆形，长约3mm，全缘，侧萼片披针形，长5~6mm，上部两侧边缘内卷，基部上方扭转而上下侧边缘靠合；花瓣近匙形，长2mm，全缘，唇瓣舌形，外弯，长约2mm，下部两侧对折，上部细圆柱状，先端拳卷状；蕊柱长约1.5mm，蕊柱足长约1mm，离生部分长0.5mm，蕊柱齿钻状，长约0.7mm。花期6月。

【分布与生境】产于泰顺等地。附生于山地阔叶林中树干上或沟谷阴湿岩石上。

【保护价值】花漂亮，具有观赏价值。

【致危因素】过度采挖。

【保护措施】禁止采挖。

062 广东石豆兰
Bulbophyllum kwangtungense Schltr.

兰科 Orchidaceae　石豆兰属 *Bulbophyllum* Thouars

国家重点保护名录	浙江省重点保护名录	红色名录等级	CITES	IUCN
			附录 II	

【形态特征】根状茎径约2mm。假鳞茎疏生，直立，圆柱形，顶生1叶。叶长圆形，长约2.5cm，先端稍凹缺，几无柄。花白或淡黄色；萼片离生，披针形，长0.8~1cm，中部以上两侧内卷，侧萼片比中萼片稍长，萼囊不明显；花瓣窄卵状披针形，长4~5mm，宽约0.4mm，全缘，唇瓣肉质，披针形，长约1.5mm，宽0.4mm，上面具2~3条小脊突，在中部以上合成1条较粗的脊；蕊柱足长约0.5mm，离生部分长约0.1mm，蕊柱齿牙齿状，长约0.2 mm。花期5~8月，果期9~10月。

【分布与生境】产于乐清、永嘉、瓯海、瑞安、文成、平阳、苍南、泰顺等地。附生于溪沟边石壁上或树干上。

【保护价值】全草入药，具有滋阴降火、清热消肿之功效。

【致危因素】过度采挖。

【保护措施】禁止采挖。

063 乐东石豆兰
Bulbophyllum ledungense Tang et F. T. Wang

兰科 Orchidaceae　石豆兰属 *Bulbophyllum* Thouars

国家重点保护名录	浙江省重点保护名录	红色名录等级	CITES	IUCN
			附录 II	

【形态特征】根状茎匍匐。叶革质，长圆形，长1.5~3cm，中部宽3~8mm。花葶1~2个，直立，长10~20mm；总状花序缩短呈伞状，具2~5朵花；花序柄具3枚膜质鞘；花苞片小，长圆形，与花梗连同子房等长，长约2.5mm，先端渐尖；萼片离生，质地较厚，披针形，长4~6mm，先端渐尖，中部以上两侧边缘稍内卷，具3脉；侧萼片比中萼片稍较长，基部贴生在蕊柱足上；花瓣长圆形，先端短急尖，基部稍收窄，全缘，具3脉，仅中肋到达先端；唇瓣肉质，狭长圆形。花期6~10月。

【分布与生境】产于乐清、泰顺等地。附生于溪沟边石壁上或树干上。

【保护价值】全草入药，具有滋阴降火、清热消肿之功效。

【致危因素】分布区狭窄；种群数量少；过度采挖。

【保护措施】禁止采挖。

064 齿瓣石豆兰
Bulbophyllum levinei Schltr.

兰科 Orchidaceae 石豆兰属 *Bulbophyllum* **Thouars**

国家重点保护名录	浙江省重点保护名录	红色名录等级	CITES	IUCN
			附录 II	

【形态特征】根状茎匍匐。假鳞茎近圆柱形，在根状茎上聚生，彼此相互靠近，顶生1叶。叶长圆形或倒卵状披针形，长3~4（~9）cm，宽5~7（~14）mm；叶柄短。花葶生于假鳞茎基部，纤细，高出叶外，花序梗径约0.5mm，总状花序伞状，具2~6花；苞片小，膜质，披针形；花白色；中萼片椭圆形，边缘具细齿，侧萼片狭卵状披针形；花瓣卵形，边缘流苏状；唇瓣戟状披针形，肉质；蕊柱短，无离生的蕊柱足，蕊柱齿钻状。蒴果椭圆形。花期4月，果期6月。

【分布与生境】产于乐清、永嘉、瑞安、文成、泰顺等地。附生于溪沟边石壁上或树干上。

【保护价值】全草入药，具有滋阴降火、清热消肿之功效。

【致危因素】过度采挖。

【保护措施】禁止采挖。

065 毛药卷瓣兰
Bulbophyllum omerandrum Hayata

兰科 Orchidaceae　石豆兰属 *Bulbophyllum* Thouars

国家重点保护名录	浙江省重点保护名录	红色名录等级	CITES	IUCN
		近危（NT）	附录Ⅱ	

【形态特征】假鳞茎相距1.5~4cm，卵状球形，顶生1叶。叶长圆形，长1.5~8.5cm，先端稍凹缺。花葶生于假鳞茎基部，长5~6cm，伞形花序具1~3花，花黄色；中萼片卵形，长1~1.4cm，先端具2~3条髯毛，全缘，侧萼片披针形，先端稍钝，基部上方扭转，两侧萼片呈八字形叉开；花瓣卵状三角形，长约5mm，先端紫褐色，上部边缘具流苏，唇瓣舌形，长约7mm，外弯，下部两侧对折，边缘多少具睫毛，近先端两侧面疏生细乳突；蕊柱长约4mm，蕊柱齿三角形，先端尖齿状；药帽前缘具流苏。花期3~4月，果期不明。

【分布与生境】产于文成、泰顺等地。附生于溪沟边石壁上或树干上。

【保护价值】全草入药，具有滋阴降火、清热消肿之功效；花美丽，具有观赏价值。

【致危因素】过度采挖。

【保护措施】禁止采挖。

066 斑唇卷瓣兰
Bulbophyllum pecten-veneris (Gagnep.) Seidenf.

兰科 Orchidaceae 石豆兰属 *Bulbophyllum* Thouars

国家重点保护名录	浙江省重点保护名录	红色名录等级	CITES	IUCN
			附录 II	

【形态特征】假鳞茎相距0.5~1cm，卵球形，顶生1叶。叶椭圆形或卵形，长1~6cm，先端稍钝或具凹缺。花葶生于假鳞茎基部，长约10cm，伞形花序具3~9花，花黄绿或黄色稍带褐色；中萼片卵形，长约5mm，先端尾状，具流苏状缘毛，侧萼片窄披针形，长3.5~5cm，宽约2.5mm，先端长尾状，边缘内卷，基部上方扭转上下侧边缘除先端外黏合；花瓣斜卵形，长2.5~3cm，具流苏状缘毛，唇瓣舌形，外弯，长2.5mm，先端近尖，无毛；蕊柱长2mm，蕊柱足长1.5mm，蕊柱齿钻状。花期5月，果期7~8月。

【分布与生境】产于永嘉、瑞安、泰顺等地。附生溪沟边、林中树干上或岩石上。

【保护价值】全草入药，具有滋阴降火、清热消肿之功效；花美丽，具有观赏价值。

【致危因素】过度采挖。

【保护措施】禁止采挖。

067 泽泻虾脊兰 泽泻叶虾脊兰

Calanthe alismatifolia Lindl.

兰科 Orchidaceae　虾脊兰属 *Calanthe* R．Br.

国家重点保护名录	浙江省重点保护名录	红色名录等级	CITES	IUCN
			附录 II	

【形态特征】植株高 35~40cm。茎短。叶 2~6 枚，近基生，形似泽泻叶；叶片椭圆形，先端急尖或渐尖，基部收狭，边缘波状；叶柄长 10~20cm，通常比叶片长或近等长。花葶 1~2 枚，细长，高达 30cm；总状花序具花数朵；花白色；萼片近相等，斜卵形，直立，开展，先端稍钝，背面被紫色糙伏毛；花瓣近菱形，较萼片小；唇瓣比萼片长，3 深裂，中裂片扇形，先端又 2 深裂，裂片先端圆形，基部收狭成爪，上面有 1 黄色胼胝体，侧裂片镰状线形；距细长，蕊柱很短。花期 4~5 月，果期 8~11 月。

【分布与生境】据《温州植物志》记载产于泰顺、瑞安。查阅相关标本，无法定种。暂予收录，留待后续研究。

【保护价值】植株优美，花色醒目，花期长，极具观赏价值。

068 翘距虾脊兰
Calanthe aristulifera Reichb. f.

兰科 Orchidaceae 虾脊兰属 *Calanthe* R. Br.

国家重点保护名录	浙江省重点保护名录	红色名录等级	CITES	IUCN
		近危（NT）	附录 II	

【形态特征】植株高30~50cm。假鳞茎近球形，具3枚鞘和2~3枚叶。叶纸质，倒卵状椭圆形或椭圆形。花葶1~2，出自假茎上端；总状花序长15~25cm，疏生约10朵花；花白色或粉红色，有时白色带淡紫色，半开放；中萼片长圆状披针形，具5条脉；侧萼片斜长圆形，具5条脉；花瓣先端近锐尖，具3条脉；唇瓣的轮廓为扇形，与整个蕊柱翅合生，中部以上3裂；侧裂片近圆形的耳状或半圆形；中裂片扁圆形，先端微凹并具细尖，边缘稍波状。花期4~5月，果期8~12月。

【分布与生境】产于文成（石垟）。生于海拔710m山坡林下。

【保护价值】植株优美，花色醒目，花期长，极具观赏价值。

【致危因素】生境过度破坏；人为采挖。

【保护措施】加强原生境保护；禁止采挖；开展种群繁育研究。

069 虾脊兰
Calanthe discolor Lindl.

兰科 Orchidaceae　虾脊兰属 *Calanthe* R. Br.

国家重点保护名录	浙江省重点保护名录	红色名录等级	CITES	IUCN
			附录Ⅱ	

【形态特征】植株高 30~40cm。茎不明显。叶近基生，通常 2~3 枚；叶片狭倒卵状长圆形；叶柄明显，基部扩大。花葶从当年新株的幼叶的叶丛中长出，长 30~50cm；总状花序有花数朵至 10 余朵；花紫褐色，开展；萼片近等长，中萼片卵状椭圆形，侧萼片狭卵状披针形；花瓣较中萼片小，倒卵状匙形或倒卵状披针形；唇瓣与萼片近等长，玫瑰色或白色，3 裂，中裂片卵状楔形，先端 2 裂，边缘具齿，侧裂片斧状，稍内弯，全缘，唇盘上具 3 条褶片；距细长，末端弯曲而非钩状。花期 5 月，果期 8~11 月。

【分布与生境】产于乐清、永嘉、文成、泰顺。生于山坡林下阴湿地。

【保护价值】重要种质资源；植株优美，花期长，极具观赏价值。

【致危因素】生境过度破坏；人为采挖。

【保护措施】加强原生境保护；禁止采挖；开展种群繁育研究。

070 **钩距虾脊兰**
Calanthe graciliflora Hayata

兰科 Orchidaceae　虾脊兰属 *Calanthe* R. Br.

国家重点保护名录	浙江省重点保护名录	红色名录等级	CITES	IUCN
		近危（NT）	附录 II	

【形态特征】植株高约60cm。茎短，幼时叶基围抱形成假茎，假茎的下部具3枚鞘状叶。叶近基生；叶片椭圆形，先端急尖，基部楔形，叶下延至柄，被鞘状叶所围抱。花葶从叶丛中长出，高40~50cm；总状花序疏生多数花；花下垂，内面绿色，外面带褐色；萼片卵圆形至长圆形，先端急尖，具3脉，侧萼片稍带镰状；花瓣线状匙形，先端急尖，基部收狭，具1脉；唇瓣白色，3裂，中裂片长圆形，先端中央2裂，具短尖，侧裂片卵状镰形，唇盘上具3条褶片；距圆筒形，末端钩状弯曲。花期4~5月，果期9~11月。

【分布与生境】产于乐清、永嘉、瑞安、文成、平阳、苍南、泰顺。生于山坡林下阴湿地。

【保护价值】叶如箬竹，花序修长，花形奇特，具有极高的园艺价值；本种分布广，抗性强，观赏价值突出，是虾脊兰属育种的好材料。

【致危因素】生境过度破坏；人为采挖。

【保护措施】加强原生境保护；禁止采挖；开展种群繁育研究。

071 细花虾脊兰
Calanthe mannii Hook. f.

兰科 Orchidaceae　虾脊兰属 *Calanthe* R．Br．

国家重点保护名录	浙江省重点保护名录	红色名录等级	CITES	IUCN
			附录 II	

【形态特征】植株高20~25cm。假鳞茎粗短，圆锥形。具3~5枚叶，在花期尚未展开，折扇状，倒披针形或长圆形。花葶从叶间长出，长达39cm，直立，高出叶外；总状花序长19cm，密生30余朵小花；萼片和花瓣暗褐色；中萼片卵状披针形，侧萼片斜卵状披针形；花瓣倒卵状披针形；唇瓣金黄色，基部合生在整个蕊柱翅上，3裂，侧裂片斜卵圆形，中裂片横长圆形或近肾形，先端微凹并具短尖，边缘稍波状，唇盘上具3条褶片或龙骨状脊，其末端在中裂片上呈三角形高高隆起；距短钝，伸直。花期4~5月，果期8~11月。

【分布与生境】产于泰顺（乌岩岭）。生于山坡林下。

【保护价值】叶如箬竹，花序修长，花形奇特，可栽培观赏。

【致危因素】生境破坏；人为过度采挖。

【保护措施】加强原生境保护；禁止采挖；开展种群繁育研究。

072 反瓣虾脊兰
Calanthe reflexa Maxim.

兰科 Orchidaceae　虾脊兰属 *Calanthe* R．Br．

国家重点保护名录	浙江省重点保护名录	红色名录等级	CITES	IUCN
			附录 II	

【形态特征】植株高20~25cm。茎极短。叶3~5枚，近基生；叶片长椭圆形或阔披针形，具短柄。花葶从叶丛中长出，长20~40cm，直立，高出叶外；总状花序长8~15cm，疏生花10~20朵；花淡紫色，直径约2cm；萼片卵状披针形，先端急尖，呈芒尖，基部收缩，侧萼片稍偏斜；花瓣线状椭圆形；萼片和花瓣均向后反折；唇瓣前伸，3裂，中裂片卵状三角形，先端圆形，中央具短尖，边缘啮齿形波状，侧裂片卵状三角形，基部与蕊柱合生，无距；蕊柱短。花期5~6月，果期8~11月。

【分布与生境】产于文成（铜铃山）、泰顺（洋溪）。生于海拔800~1000m山坡林下阴湿地。

【保护价值】东亚特有种，间断分布于中国、日本、朝鲜半岛，对植物地理区系、系统发育研究具有重要科研价值；本种花色艳丽，观赏价值突出，是虾脊兰花色育种的重要材料。

【致危因素】生境破坏；人为过度采挖。

【保护措施】加强原生境保护；禁止采挖；开展种群繁育研究。

073 银兰

Cephalanthera erecta (Thunb.) Blume

兰科 Orchidaceae 头蕊兰属 *Cephalanthera* Rich.

国家重点保护名录	浙江省重点保护名录	红色名录等级	CITES	IUCN
			附录 II	

【形态特征】植株高20~30cm。根茎短而不明显，具多数细长的根。茎直立，基部至中部具3~4枚膜质鞘，上部具叶3~4枚。叶片狭长椭圆形或卵形，先端急尖或渐尖，基部鞘状抱茎。总状花序顶生，具花5~10朵；花白色；萼片宽披针形，先端急尖或钝，具5脉，中萼片较侧萼片稍狭；花瓣与萼片近相似，但稍短；唇瓣部具囊状短距，中部缢缩，前部近心形，先端近急尖，上面具3条纵褶片，后部凹陷，无褶片，两侧裂片卵状三角形或披针形，略抱蕊柱；距圆锥状，伸出侧萼片之外。花期5~6月，果期9~11月。

【分布与生境】产于文成（石垟）、泰顺。生于山坡林下或林缘草丛。

【保护价值】东亚特有种；全草可入药；花色洁白，植株修长，可供栽培观赏。

【致危因素】生境破坏；人为过度采挖。

【保护措施】加强原生境保护；禁止采挖；开展种群繁育及野外回归研究。

074 金兰
Cephalanthera falcata (Thunb.) Blume

兰科 Orchidaceae　头蕊兰属 *Cephalanthera* Rich.

国家重点保护名录	浙江省重点保护名录	红色名录等级	CITES	IUCN
			附录Ⅱ	

【形态特征】植株高24~50cm。根状茎粗短，具多数细长的根。茎直立，上部具叶4~7枚。叶片椭圆形或椭圆状披针形，先端渐尖或急尖，基部鞘状抱茎。总状花序顶生，具花5~10朵；花黄色，直立，不完全展开；萼片卵状椭圆形，先端钝或急尖，共5脉；花瓣与萼片相似，但稍短；唇瓣先端不裂或3浅裂，中裂片圆心形，先端钝，内面具7条纵褶片，侧裂片三角形，基部围抱蕊柱；距圆锥形，伸出萼外；蕊柱长约9mm。花期4~5月，果期8~9月。

【分布与生境】产于乐清（福溪）、永嘉（四㴥山）、文成（石垟）、泰顺（乌岩岭）。生于山坡林下。

【保护价值】重要的兰科种质资源，全草可入药；花色鲜黄醒目，可作中型盆栽或配植于兰科专类园。

【致危因素】生境过度破坏；人为过度采挖。

【保护措施】加强原生境保护；禁止采挖；开展种群繁育及野外回归研究。

075 黄兰
Cephalantheropsis obcordata (Lindl.) Ormerod

兰科 Orchidaceae　黄兰属 *Cephalantheropsis* Guillaumin

国家重点保护名录	浙江省重点保护名录	红色名录等级	CITES	IUCN
		近危（NT）	附录 II	

【形态特征】植株高 30~34cm。茎细长，圆柱形，具数枚长 7~8cm 的鞘状鳞叶，节间明显。叶多枚，互生于茎的上部；叶片椭圆状披针形，基部收狭为短柄，呈鞘状抱茎。花葶直立，侧生于茎上的第 2~3 节处；总状花序长 7~20cm，疏生花 10 余朵；花淡黄色；花被片反折；萼片卵状披针形；花瓣长圆状卵形；唇瓣和花瓣近等长，3 裂，中裂片近扁心形，边缘具不整齐的皱波状，先端中央微凹，并具短尖，侧裂片直立，三角形，前缘具牙齿，唇盘上具 2 条平行的褶片；无距，蕊柱白色。花期 11 月，果期 11 月至翌年 3 月。

【分布与生境】产于泰顺。生于山坡林下阴湿地。

【保护价值】本种植株高大，叶如箬竹，花序修长，花色醒目，园艺观赏价值高，可栽培观赏。

【致危因素】自然分布区狭窄；生境过度破坏；人为过度采挖。

【保护措施】加强原生境保护；禁止采挖；开展种群繁育研究。

076 秉滔羊耳蒜
Cestichis pingtaoi G. D. Tang, X. Y. Zhuang et Z. J. Liu

兰科 Orchidaceae　扁莛兰属 *Cestichis* Thouars ex Pfitzer.

国家重点保护名录	浙江省重点保护名录	红色名录等级	CITES	IUCN
			附录 II	

【形态特征】附生草本。假鳞茎卵圆形、卵形至椭圆形，顶端具1叶。叶狭条形至狭披针形，纸质，长9~17cm，宽8~18mm，先端渐尖，基部收狭成短柄，有关节。花葶长21~24cm；花序柄略压扁，两侧有很狭的翅，下部具1~8枚不育苞片；总状花序长13~16cm，具10~20朵花；花苞片狭披针形；花淡绿色或白色；萼片狭长圆形；花瓣狭线形；唇瓣椭圆形，舌状，全缘；侧裂片直立，倒卵球形，先端钝；中裂片近椭圆形；无胼胝体；蕊柱稍向前弯曲，基部扩大、肥厚；花粉块4，2个成对，长圆形。蒴果倒卵状椭圆形至圆球形。花期10~11月，果期2~3月。

【分布与生境】产于泰顺（乌岩岭及雅阳镇氡泉）。生于海拔300~400m阴湿岩壁苔藓上。

【保护价值】近年来发表的新种，野外种群稀少，重要的种质资源；花形奇特，极具园艺观赏价值。

【致危因素】自然繁殖困难；生境破坏；人为过度采挖。

【保护措施】加强原生境保护；禁止人为采挖。

077 中华叉柱兰
Cheirostylis chinensis Rolfe

兰科 Orchidaceae　叉柱兰属 *Cheirostylis* Blume

国家重点保护名录	浙江省重点保护名录	红色名录等级	CITES	IUCN
			附录 II	

【形态特征】植株高6~20cm。根状茎匍匐，肉质，具节，呈莲藕状。茎圆柱形，直立或近直立，具2~4枚叶。叶片卵形至阔卵形，上面呈有光泽的暗灰绿色，背面带红色。花茎顶生，长8~20cm；总状花序具2~5朵花，长1~3cm；花小；萼片膜质，近中部合生呈筒状；花瓣白色，膜质，狭倒披针状长圆形，与中萼片紧贴；唇瓣白色，基部稍扩大呈囊状，囊内两侧各具1枚梳状、带3枚齿且扁平的胼胝体，中部收狭成爪，爪前部极扩大呈扇形，2裂，裂片边缘具4~5枚不整齐的齿。花期3月。

【分布与生境】产于文成（铜铃山）、泰顺（洋溪）。生于山坡或溪旁林下的潮湿石上、覆土中或地上。

【保护价值】中国特有种；为浙江分布新记录，对研究兰科叉柱兰属的地理分布研究有重要科研价值。

【致危因素】自然繁殖能力低；生境破坏；人为过度采挖。

【保护措施】加强特殊生境保护；禁止采挖；开展种群繁育研究。

078 **广东异型兰**
Chiloschista guangdongensis Z. H. Tsi

兰科 Orchidaceae　异型兰属 *Chiloschista* Lindl.

国家重点保护名录	浙江省重点保护名录	红色名录等级	CITES	IUCN
		极危（CR）	附录 II	

【形态特征】多年生附生草本。茎极短，具多数长而弯曲且绿色、扁平的根，无叶。总状花序1~4条，下垂，疏生3~9朵花，花序轴连同花序柄总长1.5~6 cm；花黄绿色，稍肉质；中萼片前倾，卵形，具5脉；侧萼片近椭圆形，先端圆，具4脉；花瓣具3脉；唇瓣以1个关节与蕊柱足末端连接，3裂；侧裂片直立，半圆形，内面具紫红色条斑；中裂片白色，先端圆，上面在两侧裂片间舟状凹陷，具1个海绵状球形的附属物。蒴果圆柱状，具明显纵棱，劲直或微弯，长约2cm，黄褐色，密被短硬毛。花期3~4月，果期5~6月（可宿存至翌年4月）。

【分布与生境】产于泰顺（黄桥）。附生于海拔270~390m溪边林缘的树干、树枝上。

【保护价值】中国特有种；为浙江新记录属，对异型兰属的分布地理研究具有重要科研价值。

【致危因素】分布与生境狭窄；自然繁殖能力低下；生境破坏；人为过度采挖。

【保护措施】加强原生境保护；禁止人为采挖；开展繁育研究。

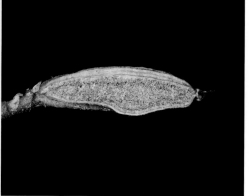

079 高斑叶兰 高宝兰
Cionisaccus procera (Ker Gawl.) M. C. Pace—*Goodyera procera* (Ker Gawl.) Hook.

兰科 Orchidaceae　高宝兰属 *Cionisaccus* Breda

国家重点保护名录	浙江省重点保护名录	红色名录等级	CITES	IUCN
			附录 II	

【形态特征】植株高25~80cm。根状茎短。茎直立，无毛，下部具多枚叶。叶互生，稍肉质，淡绿色；叶片长圆形或狭椭圆形，上面无斑纹，具5~7脉；叶柄基部扩张抱茎。总状花序长6~15cm，密生多数花，似穗状，花序轴无毛；花小，直径约3mm，白色而带淡绿色，稍具香气；中萼片风帽状，侧萼片长圆状卵形，无毛；花瓣长圆状披针形，先端与中萼片靠合；唇瓣囊状，较肥厚，边缘波状，先端钝而具微齿，向外反折，内面具柔毛和2枚胼胝体。花期5月，果期7~10月。

【分布与生境】产于苍南（岱岭）、泰顺（乌岩岭、洋溪）。生于山坡、沟边林下阴湿处、路边林缘山坡处。

【保护价值】全草可入药；植株高大，花形奇特，可供配植于兰花专类园，亦可盆栽观赏。

【致危因素】生境破坏；人为过度采挖。

【保护措施】加强原生境保护；禁止人为采挖。

080 大序隔距兰
Cleisostoma paniculatum (Ker Gawl.) Garay

兰科 Orchidaceae　隔距兰属 *Cleisostoma* Blume

国家重点保护名录	浙江省重点保护名录	红色名录等级	CITES	IUCN
			附录 II	

【形态特征】多年生常绿植物。茎伸长，长 20~30cm，分枝或不分枝，近基部生根。叶片带状长圆形，先端不等两圆裂，基部对折，套叠状抱茎，具缝状关节。圆锥花序腋生，长 20~25cm，疏生多数花；花小黄色；中萼片椭圆形，具红褐色条纹，侧萼片斜椭圆形，具红褐色条纹；花瓣长圆形，先端钝；唇瓣肉质，3 裂，中裂片朝上，先端喙状，基部两侧具细长尖角状的小裂片，侧裂片三角形，直立，先端钝，唇盘中央具 1 条褶片，与距内隔膜相连。花期 4~5 月，果期 9~11 月。

【分布与生境】产于泰顺（垟溪、黄桥、乌岩岭）、瑞安（红双）。附生于常绿阔叶林中树干上或沟谷林下岩石上。

【保护价值】重要的兰科花卉种质资源；花序长而垂挂，花小精致，具有较高的园艺价值，是兰科育种的优良材料。

【致危因素】生境破坏；人为过度采挖。

【保护措施】加强原生境保护；禁止人为采挖；开展繁育研究。

081 蜈蚣兰

Cleisostoma scolopendrifolium (Makino) Garay—*Pelatantheria scolopendrifolia* (Makino) Aver.

兰科 Orchidaceae　隔距兰属 *Cleisostoma* Blume

国家重点保护名录	浙江省重点保护名录	红色名录等级	CITES	IUCN
			附录 II	

【形态特征】附生植物。茎显著伸长，通常匍匐分枝，多节。叶2列；叶片稍肥厚肉质，两侧对折呈短剑状，先端钝，基部具缝状关节。花序短，腋生，具花1~2朵；花淡红色；花被片展开；中萼片卵状长圆形，侧萼片斜卵状长圆形；花瓣长圆形，先端圆钝；唇瓣肉质，3裂，中裂片舌状三角形，具黄紫色斑点，先端急尖，侧裂片三角形，先端钝；距近球形，袋状，距口下缘具一环乳突状毛，内侧背壁上胼胝体马蹄状，不与隔膜连接。花期6~7月。

【分布与生境】产于乐清、洞头、瑞安、泰顺、平阳、苍南。附生于树干上或石壁上。

【保护价值】重要的药用植物种质资源，全草入药；花形奇特，极具园艺观赏价值。

【致危因素】生境破坏；人为过度采挖。

【保护措施】加强原生境保护；禁止人为采挖。

082 台湾吻兰
Collabium formosanum Hayata

兰科 Orchidaceae 吻兰属 *Collabium* Blume

国家重点保护名录	浙江省重点保护名录	红色名录等级	CITES	IUCN
			附录 II	

【形态特征】假鳞茎疏生于根状茎上，圆柱形，被鞘。叶厚纸质，长圆状披针形，上面有多数黑色斑点，边缘波状，具许多弧形脉。花葶长达12cm；总状花序疏生4~9朵花；萼片和花瓣绿色，先端内面具红色斑纹；中萼片狭长圆状披针形，具3条脉；侧萼片镰刀状倒披针形，基部贴生于蕊柱足，具3条脉；花瓣相似于侧萼片；唇瓣白色带红色斑点和条纹，近圆形，3裂；侧裂片斜卵形，上缘具不整齐的齿；中裂片倒卵形，先端近圆形并稍凹入，边缘具不整齐的齿；距圆筒状，末端钝。花期5~7月，果期8~11月。

【分布与生境】产于泰顺（乌岩岭）。生于海拔600~700m的山坡密林下或沟谷林下岩石边。

【保护价值】叶上常有黑色斑点，花形奇特，具有较高的园艺观赏价值。

【致危因素】原生境破坏；人为采挖。

【保护措施】加强原生境保护；禁止人为采挖；开展繁育研究。

083 蛤兰 小毛兰
Conchidium pusillum Griff.

兰科 Orchidaceae　蛤兰属 *Conchidium* Griff.

国家重点保护名录	浙江省重点保护名录	红色名录等级	CITES	IUCN
			附录 II	

【形态特征】植株极矮小，高仅1~2cm。假鳞茎密集着生，近球形或扁球形，顶端具2~3叶。叶长卵形，先端具细尖头；叶脉3~6条，仅中央1条主脉伸至叶顶端。花序生于假鳞茎顶端叶的内侧，具1~2朵花；花小，白色或淡黄色；中萼片卵状披针形；侧萼片卵状三角形，稍偏斜，先端渐尖，与蕊柱足合生呈萼囊；花瓣披针形，先端渐尖；唇瓣近椭圆形，不裂，先端钝，基部稍收狭，中、上部边缘具不整齐细齿，上面中央自基部发出3条不等长的线纹；蕊柱长仅1mm。花期10月至翌年1月，果期4~7月。

【分布与生境】产于永嘉（龙湾潭）、文成（铜铃山、胜坑）、平阳（顺溪）、泰顺（黄桥）。常与苔藓附生于溪谷石壁上。

【保护价值】中国特有种；植株小巧。

【致危因素】民间常被误认为"岩珠"供药用；人为过度采挖。

【保护措施】加强原生境保护；禁止人为采挖。

084 浅裂沼兰
Crepidium acuminatum (D. Don) Szlach.—*Malaxis acuminata* D. Don

兰科 Orchidaceae　沼兰属 *Crepidium* Blume

国家重点保护名录	浙江省重点保护名录	红色名录等级	CITES	IUCN
			附录 II	

【形态特征】植株高约22cm，地生。假鳞茎近球形；茎直立，长1.5~2.5cm，被鞘状叶柄所包围。叶2~5枚；叶片长圆形至长椭圆形，先端渐尖，基部阔楔形，并下延成鞘状柄。花葶长18~19cm，总状花序具多数花；花苞片披针形，长于或几等长于子房连花梗长，基部向下反折，先端渐尖；花黄绿色，直径约6mm；中萼片椭圆形，先端急尖，侧萼片宽椭圆形，先端钝；花瓣线形，先端平截，中央微凹或钝头；唇瓣位于上方，基部下延呈耳状围抱蕊柱，先端2深裂。花期5~7月。

【分布与生境】产于永嘉、瑞安、泰顺。生于山谷林下。

【保护价值】重要的种质资源；花形奇特，极具园艺观赏价值。

【致危因素】生境破坏；人为过度采挖。

【保护措施】加强原生境保护；禁止人为采挖；开展种群野外回归。

085 深裂沼兰
Crepidium purpureum (Lindl.) Szlach.—*Malaxis purpurea* (Lindl.) Kuntze

兰科 Orchidaceae　沼兰属 *Crepidium* Blume

国家重点保护名录	浙江省重点保护名录	红色名录等级	CITES	IUCN
			附录 II	

【形态特征】植株高约15cm，地生。肉质茎圆柱形，长2~4cm，具数节，包藏于叶鞘之内。叶通常3~4枚，斜卵形或长圆形，先端渐尖或短尾状渐尖，基部收狭成柄；叶柄鞘状，下半部抱茎。花葶直立，长15~25cm，近无翅；总状花序长7~15cm，具10~30朵或更多的花；花苞片披针形，短于花梗和子房长；花淡红色或偶见浅黄色，直径8~10cm；中萼片近长圆形，先端钝；侧萼片宽长圆形或宽卵状长圆形，先端钝或急尖；花瓣狭线形；唇瓣位于上方，整个轮廓近卵状矩圆形，由前部和一对向后伸展的耳组成；前部通常在中部两侧骤然收狭而多少呈肩状，先端2深裂，裂口深1.5~2mm；耳卵形或卵状披针形；蕊柱粗短，长约1mm。花期6~7月。

【分布与生境】产于泰顺（竹里）。生于海拔240~600m林下阴湿处或溪边竹林下。

【保护价值】重要的种质资源；花形奇特，极具园艺观赏价值。

【致危因素】生境破坏；人为过度采挖。

【保护措施】加强原生境保护；禁止人为采挖；开展种群野外回归。

086 建兰 四季兰
Cymbidium ensifolium (L.) Sw.

兰科 Orchidaceae　兰属 *Cymbidium* Sw.

国家重点保护名录	浙江省重点保护名录	红色名录等级	CITES	IUCN
二级		易危（VU）	附录 II	

【形态特征】地生植物。根茎短。假鳞茎卵球形。叶2~6枚成束；叶片带形，较柔软而弯曲下垂，边缘具不明显的钝齿；具3条两面凸起的主脉。花葶高20~35cm，基部具膜质鞘；总状花序具花5~10朵；花苍绿色或黄绿色，具清香，直径4~5cm；花被片具5条深色的脉，中萼片长椭圆状披针形，侧萼片稍镰刀状；花瓣长圆形，脉纹紫色；唇瓣卵状长圆形，具红色斑点和短硬毛，不明显3裂，向下反卷，先端急尖，侧裂片长圆形，浅黄褐色，唇盘上具2条半月形白色褶片；蕊柱两侧具狭翅。花期7~10月，可开花两次，果期9~12月。

【分布与生境】产于瑞安、文成、苍南、泰顺。生于山坡林下或灌丛下腐殖质丰富的土壤中或碎石缝中。

【保护价值】重要的种质资源；我国栽培历史悠久的传统观赏花卉；民间以根入药。

【致危因素】生境破坏；人为过度采挖。

【保护措施】加强原生境保护；禁止人为采挖。

087 蕙兰 九节兰
Cymbidium faberi Rolfe

兰科 Orchidaceae　兰属 *Cymbidium* Sw.

国家重点保护名录	浙江省重点保护名录	红色名录等级	CITES	IUCN
二级			附录Ⅱ	

【形态特征】地生植物。根粗壮，带白色。假鳞茎不明显。叶6~10枚成束状丛生；叶片带形，革质，边缘具细锯齿；叶脉透明，中脉明显。花葶高30~60cm；总状花序具花9~18朵；花黄绿色或紫褐色，直径5~7cm，具香气；萼片狭长倒披针形，花瓣狭长披针形，基部具红线纹；唇瓣长圆形，苍绿色或浅黄绿色，具红色斑点，不明显3裂，中裂片椭圆形，向下反卷，边缘具不整齐的齿，且皱褶呈波状，侧裂片直立，紫色，唇盘上有2条弧形的褶片；蕊柱黄绿色，蕊柱翅明显。花期4~5月，果期7~11月。

【分布与生境】产于瑞安、文成、泰顺。生于腐殖质深厚的山坡林缘。

【保护价值】重要的种质资源；我国栽培历史悠久的传统观赏花卉；民间以根入药。

【致危因素】生境破坏；人为过度采挖。

【保护措施】加强原生境保护；禁止人为采挖。

088 多花兰
Cymbidium floribundum Lindl.

兰科 Orchidaceae　兰属 *Cymbidium* Sw.

国家重点保护名录	浙江省重点保护名录	红色名录等级	CITES	IUCN
二级		易危（VU）	附录 II	

【形态特征】假鳞茎卵状圆锥形，隐于叶丛中。叶3~6枚成束丛生；叶片较挺直，带形，基部具明显关节，全缘。花葶直立或稍斜出或下垂，较叶短；总状花序密生花20~50朵；花无香气，红褐色；萼片近同形等长，狭长圆状披针形，侧萼片稍偏斜；花瓣长椭圆形，先端急尖，具紫褐色带黄色边缘；唇瓣卵状三角形，上面具乳突，明显3裂，中裂片近圆形，稍向下反卷，紫褐色，中部浅黄色，侧裂片半圆形，直立，具紫褐色条纹，边缘紫红色。花期4~5月，果期7~8月。

【分布与生境】产于乐清、永嘉、瑞安、文成、泰顺。附生于林缘树干或溪边有覆土的岩石上。

【保护价值】花序长，花色艳丽，观赏价值高；兰科花卉重要的育种材料。

【致危因素】生境破坏；人为过度采挖。

【保护措施】加强原生境保护；禁止人为采挖。

089 春兰 草兰
Cymbidium goeringii (Rchb. f.) Rchb. f.

兰科 Orchidaceae 兰属 *Cymbidium* Sw.

国家重点保护名录	浙江省重点保护名录	红色名录等级	CITES	IUCN
二级		易危（VU）	附录 II	

【形态特征】地生植物。根状茎短。假鳞茎集生于叶丛中。叶基生，4~6枚成束；叶片带形，先端锐尖，边缘略具细齿。花葶直立，高3~7cm，具花1朵，稀2朵；花苞片膜质，鞘状包围花葶；花淡黄绿色，具清香，直径6~8cm；萼片较厚，长圆状披针形，中脉紫红色，基部具紫纹；花瓣卵状披针形，紫褐色斑点，中脉紫红色，先端渐尖；唇瓣乳白色，不明显3裂，中裂片向下反卷，先端钝，侧裂片较小，位于中部两侧，唇盘中央从基部至中部具2条褶片；蕊柱直立；蕊柱翅不明显。花期2~4月，果期5~8月。

【分布与生境】产于乐清、永嘉、瑞安、鹿城、瓯海、文成、平阳、苍南、泰顺。生于腐殖质丰厚的山坡林缘或沟谷边半阴处。

【保护价值】重要的花卉种质资源；我国有近千年的栽培历史，全国各地广为栽培，为传统十大名花之一，具有较高的观赏价值；著名传统观赏花卉；民间以根入药。

【致危因素】生境破坏，人为过度采挖。

【保护措施】加强原生境保护；禁止人为采挖。

090 寒兰
Cymbidium kanran Makino

兰科 Orchidaceae 兰属 *Cymbidium* Sw.

国家重点保护名录	浙江省重点保护名录	红色名录等级	CITES	IUCN
二级		易危（VU）	附录 II	

【形态特征】地生植物。假鳞茎卵球状棍棒形，隐于叶丛中。叶4~5枚成束；叶片带形，革质，深绿色，略带光泽，先端渐尖，边缘近先端具细齿；叶脉在叶两面均凸起。花葶直立，长30~54cm，稍长于、等于或短于叶；总状花序疏生5~12朵花；花绿色或紫红色，直径6~8cm；萼片线状披针形，中萼片稍宽，先端渐尖；花瓣披针形，先端急尖，基部收狭，具7脉；唇瓣卵状长圆形，有时具红色斑点或紫红色，不明显3裂或不裂，唇盘从基部至中部具2条平行的褶片；无蕊柱翅。花期10~11月，果期12月至翌年4月。

【分布与生境】产于乐清、永嘉、文成、泰顺。生于山坡林下腐殖质丰富处。

【保护价值】重要的种质资源；我国新兴的兰属观赏花卉，在温州永嘉形成特色花卉产业。

【致危因素】生境破坏，人为过度采挖。

【保护措施】加强原生境保护；禁止人为采挖。

091 兔耳兰

Cymbidium lancifolium Hook.

兰科 Orchidaceae　兰属 *Cymbidium* Sw.

国家重点保护名录	浙江省重点保护名录	红色名录等级	CITES	IUCN
			附录 II	

【形态特征】常地生，罕附生。根粗壮，通常白色。假鳞茎长圆柱形。叶2~4枚；叶片革质，长圆形，先端边缘具锯齿，叶脉两面凸起，具长柄。花葶直立，长10~25cm；总状花序疏生花4~8朵；花白带紫色，稍具香气，直径4~5cm；萼片倒披针形，侧萼片稍偏斜；花瓣倒卵状长圆形，稍偏斜，合抱于蕊柱上方，中脉红色；唇瓣卵圆形，白色，具紫红色斑纹，3裂，中裂向下反卷，先端钝圆，侧裂片直立，三角形，具横的紫红色斑纹，唇盘上从基部至中部有2条平行的褶片。花期5~6月，果期9~11月。

【分布与生境】产于文成、泰顺。生于山坡林下或附生于树上、岩石上。

【保护价值】重要的种质资源；可作园艺观赏花卉。

【致危因素】生境破坏；人为过度采挖。

【保护措施】加强原生境保护；禁止人为采挖。

092 墨兰
Cymbidium sinense (Jackson ex Andr.) Willd.

兰科 Orchidaceae   兰属 *Cymbidium* Sw.

国家重点保护名录	浙江省重点保护名录	红色名录等级	CITES	IUCN
二级		易危（VU）	附录 II	

【形态特征】地生植物。假鳞茎卵球形，包藏于叶基之内。叶3~5枚，带形，近薄革质，暗绿色，有光泽。花葶从假鳞茎基部发出，直立，较粗壮，长50~90cm，一般略长于叶；总状花序具10~20朵或更多的花；花色变化较大，常为暗紫色或紫褐色而具浅色唇瓣，一般有较浓的香气；萼片狭长圆形或狭椭圆形；花瓣近狭卵形；唇瓣近卵状长圆形，不明显3裂；侧裂片直立，多少围抱蕊柱，具乳突状短柔毛；中裂片较大，外弯，亦有类似的乳突状短柔毛，边缘略波状。花期11月至翌年3月，果期翌年2~6月。

【分布与生境】瑞安、泰顺偶见逸生。生于林缘山坡地。

【保护价值】重要的种质资源；叶姿秀丽，花期长，为重要栽培观赏花卉。

【致危因素】生境破坏；人为过度采挖。

【保护措施】加强原生境保护；禁止人为采挖。

093 血红肉果兰 红果山珊瑚
Cyrtosia septentrionalis (Rchb. f.) Garay

兰科 Orchidaceae　肉果兰属 *Cyrtosia* Blume

国家重点保护名录	浙江省重点保护名录	红色名录等级	CITES	IUCN
		易危（VU）	附录 II	

【形态特征】高大植物。根状茎粗壮，近横走，疏被卵形鳞片。茎直立，红褐色，高 30~170cm，下部近无毛，上部被锈色短绒毛。花序顶生和侧生；侧生总状花序长 3~7（~10）cm，具 4~9 朵花；花梗和子房密被锈色短绒毛；花黄色，略带红褐色；萼片椭圆状卵形，背面密被锈色短绒毛；花瓣与萼片相似，略狭；唇瓣近宽卵形，短于萼片，边缘有不规则齿缺或呈啮蚀状，内面沿脉上有毛状乳突或偶见鸡冠状褶片。果实肉质，不开裂，血红色，近长圆球形，长 7~13cm，宽 1.5~2.5cm。种子周围有狭翅。花期 6~7 月，果期 9~10 月。

【分布与生境】产于泰顺（乌岩岭）。生于海拔约 1000m 腐殖质深厚的针阔混交林下或溪沟边。

【保护价值】重要的种质资源。民间亦将其作为常用草药。

【致危因素】生境破坏；人为过度采挖。

【保护措施】加强原生境保护；禁止人为采挖。

094 梵净山石斛

Dendrobium fanjingshanense Z. H. Tsi ex X. H. Jin et Y. W. Zhang

兰科 Orchidaceae　石斛属 *Dendrobium* Sw.

国家重点保护名录	浙江省重点保护名录	红色名录等级	CITES	IUCN
二级		濒危（EN）	附录 II	

【形态特征】附生草本。假鳞茎细圆柱形，长20~40cm，粗2~6mm，不分枝，具多节。叶5~8枚，在茎中部以上互生；叶片近革质，矩圆状披针形。总状花序2至数个，侧生于已落叶的老茎上部，常具1~3朵花；花橙黄色，直径2~3cm；花被片反卷而边缘呈波状；中萼片长圆形，侧萼片为稍斜卵状披针形，与中萼片等长；花瓣近椭圆形；唇瓣橙黄色，不明显3裂，基部具1条淡紫色的胼胝体，唇盘在两侧裂片之间密布短绒毛，近中裂片基部通常具1个大的扇形深红色的斑块；蕊柱乳白色。花期5月上旬，果期9~10月。

【分布与生境】产于泰顺。附生于海拔500~700m阔叶林中树干上。

【保护价值】重要的药用植物种质资源，全株可入药；花色艳丽，可供栽培观赏。

【致危因素】生境碎片化；生境破坏；人为过度采挖。

【保护措施】加强原生境保护；禁止人为采挖；开展濒危机制研究；开展繁育回归。

095 细茎石斛 铜皮石斛
Dendrobium moniliforme (L.) Sw.

兰科 Orchidaceae 石斛属 *Dendrobium* Sw.

国家重点保护名录	浙江省重点保护名录	红色名录等级	CITES	IUCN
二级			附录Ⅱ	

【形态特征】附生草本。假鳞茎细圆柱形，通常长 10~35cm 或更长，粗 3~5mm，不分枝，具多节。叶 3~8 枚，常在茎的中部以上互生；叶片长圆状披针形。总状花序 2 至数个，侧生于具叶和已落叶的老茎上部，常具 1~4 花；花白色或稍黄绿色，直径 2~3cm，有时芳香；萼片与花瓣近相似，近长圆状披针形，侧萼片偏斜；唇瓣白色，卵状披针形，3 裂，基部常具 1 个椭圆形胼胝体，唇盘在两侧裂片之间密布短柔毛，近中裂片基部通常具 1 个淡褐或浅黄色的斑块；蕊柱短，白色。花期 4~5 月，果期 7~8 月。

【分布与生境】产于文成（铜铃山）、泰顺（乌岩岭、洋溪、竹里）。附生于林中树上或山谷岩壁上。

【保护价值】重要的药用植物种质资源，全株可入药，具有较好的药用价值。

【致危因素】生境破坏；人为过度采挖。

【保护措施】加强原生境保护；禁止人为采挖；开展濒危机制研究；开展繁育回归。

096 铁皮石斛 黑节草
Dendrobium officinale Kimura et Migo

兰科 Orchidaceae   石斛属 *Dendrobium* Sw.

国家重点保护名录	浙江省重点保护名录	红色名录等级	CITES	IUCN
二级			附录 II	极危（CR）

【形态特征】附生草本。假鳞茎圆柱形，长9~35cm，粗4~8mm，不分枝，具多节，节间长1.3~1.7cm。叶5~8枚，在茎中部以上互生；叶片纸质，长圆状披针形。总状花序2至数个，侧生于已落叶的老茎上部，常具2或3朵花；花黄绿色至淡黄色，直径2.5~4cm；萼片和花瓣近相似，长圆状披针形，侧萼片基部较宽阔；唇瓣白色，卵状披针形，不裂或不明显3裂，基部具1个绿色或黄色的胼胝体，中部以下两侧具紫红色条纹，唇盘密布细乳突状的毛，在中部以上具1个紫红色斑块。花期4~5月，果期7~8月。

【分布与生境】产于洞头（大瞿岛）、乐清、永嘉。附生于林中树上或山谷岩壁上。

【保护价值】重要的药用植物种质资源；假鳞茎入药，炮制后为著名中草药"铁皮枫斗"；温州市各地广泛栽培，已形成特色产业。

【致危因素】生境破坏；人为过度采挖。

【保护措施】加强原生境保护；禁止人为采挖。

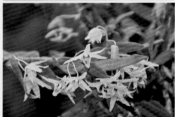

097 永嘉石斛

Dendrobium yongjiaense Zhuang Zhou et S. R. Lan

兰科 Orchidaceae   石斛属 *Dendrobium* Sw.

国家重点保护名录	浙江省重点保护名录	红色名录等级	CITES	IUCN
二级			附录 II	

【形态特征】附生草本。假鳞茎圆筒状或狭纺锤形，基部稍收窄，绿色或黄绿色，长 2.5~10cm。叶 3~9枚，在整个茎上互生，卵形或长圆形。具 1~3 近顶生或侧生的总状花序，近直立，长 3~9cm，着花6~15 朵；花带白色绿色或淡黄绿色，有芳香气味；中萼片狭披针形；侧萼片具紫红色条纹，背面基部有斑点，镰刀状披针形；花瓣狭披针形，在顶部背面基部疏生紫红色斑点；唇瓣淡黄绿色，中部以上3 浅裂；中裂片具紧密和明显的晶体乳突，从边缘到中间明显皱波状，中部具 3~5 条隆起的褶；侧裂片有暗紫红色条纹和斑点，侧裂片边缘具梳状齿，先端锐齿。花期 11~12 月，果未见。

【分布与生境】产于永嘉，模式标本采自永嘉。附生于海拔 800~820m 山谷陡峭的岩壁上。

【保护价值】重要的药用植物种质资源，药用价值与有效成分含量亟待后续研究；本种为 2020 年发表的新种，科研价值较高，目前仅一处分布点，居群数量仅 50 余株，亟待保护。

【致危因素】自然繁育能力弱；生境破坏；人为过度采挖。

【保护措施】加强原生境保护；禁止人为采挖；开展濒危机制研究；开展野外繁育回归。

098 单叶厚唇兰
Epigeneium fargesii (Finet) Gagnep.

兰科 Orchidaceae　厚唇兰属 *Epigeneium* Gagnep.

国家重点保护名录	浙江省重点保护名录	红色名录等级	CITES	IUCN
			附录 II	

【形态特征】根状茎匍匐而不分枝。假鳞茎斜生，卵形，长约1cm，彼此相距约1cm，顶生1叶。叶片革质，卵形或宽卵状椭圆形，先端凹缺，基部圆形。花1朵生于假鳞茎顶端，紫红色而带白色；中萼片卵形，先端急尖；侧萼片斜三角状卵形，基部与蕊柱足合生成萼囊，上部离生部分较中萼片长，先端急尖；花瓣与中萼片近相似，但稍长，唇瓣3裂，长约2.3cm，中部缢缩，分前后两部，前唇部阔倒卵状肾形，先端深凹，后唇部的两侧片半圆形。花期4~5月，果期8~11月。

【分布与生境】产于乐清、永嘉、文成、泰顺。附生于岩石或树上。

【保护价值】重要的药用植物种质资源，假鳞茎可入药；花形奇特，可供观赏。

【致危因素】生境破坏；人为过度采挖。

【保护措施】加强原生境保护；禁止人为采挖；开展野外繁育回归。

099 绿花斑叶兰 开宝兰

Eucosia viridiflora (Blume) M. C. Pace—*Goodyera viridiflora* (Blume) Blume

兰科 Orchidaceae　开宝兰属 *Eucosia* Blume

国家重点保护名录	浙江省重点保护名录	红色名录等级	CITES	IUCN
			附录 II	

【形态特征】植株高 13~20cm。根状茎匍匐伸长，具节。茎直立，绿色，具 3~5 枚叶。叶片偏斜的卵形或卵状披针形，绿色，甚薄。花茎长 7~10cm，带红褐色，被短柔毛；总状花序具 2~5 朵花；花苞片长披针形，淡红褐色；萼片淡红褐色，中萼片凹陷，与花瓣黏合呈兜状；侧萼片向后伸展；花瓣偏斜的菱形，白色，先端带褐色，先端急尖，基部渐狭，具 1 脉，无毛；唇瓣卵形，舟状，基部绿褐色，凹陷，囊状，内面具密的腺毛，前部白色，舌状，向下作"之"字形弯曲，先端向前伸。花期 8~9 月，果期 10~11 月。

【分布与生境】产于乐清（智仁）、永嘉、瑞安（湖岭）、平阳（顺溪）、文成、泰顺。生于海拔约 200~400m 的路边竹林或疏林下。

【保护价值】重要的药用植物种质资源，全草可入药；花形奇特，可栽培观赏。

【致危因素】生境破坏；人为过度采挖。

【保护措施】加强原生境保护；禁止人为采挖。

100 无叶美冠兰
Eulophia zollingeri (Rchb. f.) J.J. Sm.

兰科 Orchidaceae　美冠兰属 *Eulophia* R. Br.

国家重点保护名录	浙江省重点保护名录	红色名录等级	CITES	IUCN
			附录 II	

【形态特征】腐生植物，无绿叶。假鳞茎块状生地下，近长圆形，淡黄色，有节。花葶粗壮，褐红色，高 40~60cm；总状花序直立，长达 11cm，疏生数 10 余朵花；花褐黄色；中萼片椭圆状长圆形；侧萼片近长圆形；花瓣倒卵形，先端具短尖；唇瓣近倒卵形或长圆状倒卵形，3 裂，侧裂片近卵形或长圆形，多少围抱蕊柱，中裂片卵形，上面有 5~7 条粗脉下延至唇盘上部，脉上密生乳突状腺毛；唇盘上其他部分亦疏生乳突状腺毛，中央有 2 条近半圆形的褶片。花期 6~7 月，果期 9~11 月。

【分布与生境】产于泰顺（罗阳杨柳湾、竹里）。生于海拔 400~500m 的疏林下或毛竹林下。

【保护价值】花色艳丽，园艺价值较高，但栽培困难。

【致危因素】生境破坏；人为过度采挖。

【保护措施】加强原生境保护；禁止人为采挖；开展野外繁育回归。

101 台湾盆距兰
Gastrochilus formosanus (Hayata) Hayata

兰科 Orchidaceae　盆距兰属 *Gastrochilus* D. Don

国家重点保护名录	浙江省重点保护名录	红色名录等级	CITES	IUCN
		近危（NT）	附录 II	

【形态特征】茎常细长，匍匐，常分枝。叶二列互生，绿色，常两面带紫红色斑点，稍肉质，长圆形或椭圆形，先端急尖。总状花序缩短呈伞状，具2~3朵花；花葶侧生；花淡黄色带紫红色斑点；中萼片凹，椭圆形，先端钝；侧萼片与中萼片等大，斜长圆形，先端钝；花瓣倒卵形，先端圆形；前唇白色，宽三角形或近半圆形，先端近截形或圆钝，边缘全缘或稍波状，上面中央的垫状物黄色并且密布乳突状毛；后唇近杯状，上端的口缘截形并且与前唇几乎在同一水平面上。花期3~4月，果期8~11月。

【分布与生境】产于平阳（顺溪）、泰顺（乌岩岭）。附生于海拔400~800m的树干或阴湿石壁上。

【保护价值】具有较高的科研价值，是研究中日植物间断分布的好材料；植株小巧，花形奇特，可栽培观赏。

【致危因素】自然繁殖困难；生境破坏；人为过度采挖。

【保护措施】加强原生境保护；禁止人为采挖；开展繁育野外回归。

102 **黄松盆距兰**
Gastrochilus japonicus (Makino) Schltr.

兰科 Orchidaceae　　盆距兰属 *Gastrochilus* D. Don

国家重点保护名录	浙江省重点保护名录	红色名录等级	CITES	IUCN
		易危（VU）	附录 II	

【形态特征】茎粗短，长 2~10cm。叶二列，互生；叶片镰刀状长圆形，全缘或稍波状。总状花序缩短呈伞状，具 4~10 朵花；花葶长 1.5~2cm；萼片和花瓣淡黄绿色带紫红色斑点；中萼片倒卵状椭圆形；花瓣近似于萼片而较小；前唇白色，先端黄色，边缘啮蚀状或几乎全缘，上面除中央的黄色垫状物带紫色斑点和被细乳突外，其余无毛；后唇白色，近僧帽状或圆锥形，稍两侧压扁，上端口缘多少向前斜截，与前唇几乎在同一水平面上，末端圆钝、黄色。花期 6~9 月，果期 8~11 月。

【分布与生境】产于泰顺（乌岩岭）。附生于海拔 300m 的山沟林中树干上。

【保护价值】科研价值，是研究中日植物间断分布的好材料；花形奇特，可栽培观赏。

【致危因素】分布区狭窄；自然繁殖困难；生境破坏；人为过度采挖。

【保护措施】加强原生境保护；禁止人为采挖；开展野外繁育回归。

103 天麻
Gastrodia elata Blume

兰科 Orchidaceae　天麻属 *Gastrodia* R. Br.

国家重点保护名录	浙江省重点保护名录	红色名录等级	CITES	IUCN
二级			附录 II	易危（VU）

【形态特征】植株高30~100cm。块茎肉质肥厚，长椭圆形，横生，具环纹。茎不分枝，直立，稍肉质，黄褐色。鳞片状鞘状的叶棕褐色，膜质。总状花序长5~10cm，具多数花；花淡黄色或绿黄色，萼片与花瓣合生呈歪斜的筒状，口部偏斜，先端5齿裂，裂片三角形，钝头；唇瓣较小，呈酒精灯状，白色，基部贴生于蕊柱足的顶端，紧贴于花被筒内壁上，先端3裂，中裂片舌状，具乳突，边缘流苏状，侧裂片耳状。蒴果倒卵形。种子细而呈粉尘状。花期7月，果期10月。

【分布与生境】产于文成（石垟）。生于海拔约800m的山坡阔叶林下或灌木丛下。

【保护价值】本种为重要的药用植物资源，茎具有平肝息风之功效。

【致危因素】自然繁殖困难；生境破坏；人为过度采挖。

【保护措施】加强原生境保护；禁止人为采挖；开展野外繁育回归。

104 大花斑叶兰
Goodyera biflora (Lindl.) Hook.f.

兰科 Orchidaceae　斑叶兰属 *Goodyera* R．Br.

国家重点保护名录	浙江省重点保护名录	红色名录等级	CITES	IUCN
		近危（NT）	附录 II	

【形态特征】植株高5~15cm。茎上部直立，下部匍匐伸长成根状茎，基部具4~6枚叶。叶互生；叶片卵形，上面暗绿色，具白色细斑纹，下面带红色；叶柄基部扩展成鞘状抱茎。总状花序具花2~8朵，花序轴具柔毛；花大，带黄色或淡红色；萼片披针形，具3脉，中萼片先端外弯，侧萼片较中萼片稍短；花瓣线状披针形，镰状，具3脉，与中萼片靠合呈兜状；唇瓣长1.6~1.8cm，基部具囊，囊内面具刚毛，前部外弯，边缘膜质，波状。花期6~7月，果期10月。

【分布与生境】产于泰顺（乌岩岭）。生于山坡林下或山坡草地。

【保护价值】重要的药用植物种质资源，全草可入药；花形奇特，叶色斑驳，极具园艺观赏价值。

【致危因素】自然繁殖困难；生境破坏；人为过度采挖。

【保护措施】加强原生境保护；禁止人为采挖；开展野外繁育回归。

105 波密斑叶兰
Goodyera bomiensis K.Y. Lang

兰科 Orchidaceae　斑叶兰属 *Goodyera* R. Br.

国家重点保护名录	浙江省重点保护名录	红色名录等级	CITES	IUCN
			附录 II	易危（VU）

【形态特征】植株高19~30cm。根状茎短。叶基生，密集呈莲座状，5或6枚；叶片卵圆形或卵形，上面绿色，具白色由不均匀的细脉和色斑连接成的斑纹，背面淡绿色，具柄。花葶细长，长17~25cm，被棕色腺状柔毛，总状花序长3~10cm，具10~20朵偏向一侧的花，下部具3~5枚鞘状苞片；苞片卵状披针形；花小，白色或淡黄白色，半张开；萼片白色或背面带淡褐色，先端钝，具1脉，中萼片狭卵形，仅背面近基部具少数棕色腺状柔毛，与花瓣粘合成兜；侧萼片狭椭圆形，背面无毛；花瓣白色，斜菱状倒披针形，先端钝，具1脉；唇瓣卵状椭圆形，基部凹陷呈囊状，较厚，内面无毛，在中部中脉两侧各具2~4枚乳头状突起，近基部具1枚纵向脊状褶片，前部舟状，先端钝，外弯；蕊柱短；蕊喙直立，2裂，裂片披针形。花期5~9月。

【分布与生境】产于文成（猴王谷）、永嘉（四海山）。生于海拔500~700m左右的山坡、沟谷林下。

【保护价值】全草民间可入药。花形奇特，叶色稍显斑驳，可栽培观赏。

【致危因素】自然分布狭窄；生境破坏；人为过度采挖。

【保护措施】加强原生境保护；禁止人为采挖；开展繁育研究，野外回归。

106 多叶斑叶兰
Goodyera foliosa (Lindl.) Benth. ex C. B. Clarke

兰科 Orchidaceae　斑叶兰属 *Goodyera* R. Br.

国家重点保护名录	浙江省重点保护名录	红色名录等级	CITES	IUCN
			附录 II	

【形态特征】植株高15~25cm。茎下部匍匐，上部直立，匍匐，具节，具4~6枚叶。叶疏生于茎上或集生于茎的上半部，叶片卵形至长圆形，绿色，先端急尖，基部楔形或圆形，具柄，基部扩大成抱茎的鞘。花序梗极短或长；花葶直立，长6~8cm，被毛；总状花序具几朵至多朵密生而常偏向一侧的花，花苞片披针形，长1~1.5cm，背面被毛；花中等大，半张开，白带粉红色、白带淡绿色或近白色；萼片狭卵形，背面被毛；花瓣斜菱形，先端钝，基部收狭，具爪，无毛，与中萼片黏合呈兜状；唇瓣基部凹陷呈囊状，囊半球形，内面具多数腺毛，前部舌状，先端略反曲，背面有时具红褐色斑块。花期8~9月，果期10~12月。

【分布与生境】产于瑞安（红双）、泰顺（左溪、洋溪、乌岩岭）。生于林下或沟谷阴湿处。

【保护价值】全草可入药；花形奇特，极具园艺观赏价值。

【致危因素】自然繁殖困难；生境破坏；人为过度采挖。

【保护措施】加强原生境保护；禁止人为采挖；开展野外繁育回归。

107 斑叶兰

Goodyera schlechtendaliana Rchb. f.

兰科 Orchidaceae 斑叶兰属 *Goodyera* R. Br.

国家重点保护名录	浙江省重点保护名录	红色名录等级	CITES	IUCN
		近危（NT）	附录 II	

【形态特征】植株高15~25cm。茎上部直立，具长柔毛，下部匍匐伸长成根状茎，基部具叶4~6枚。叶互生；叶片卵形或卵状披针形，上面绿色，具黄白色斑纹，下面淡绿色。总状花序长8~20cm，疏生花数朵至20余朵，花序轴被柔毛；花白色，偏向同一侧；萼片外面被柔毛，中萼片长圆形，凹陷，与花瓣合成兜状，侧萼片卵状披针形，与中萼片等长；花瓣倒披针形，具1脉；唇瓣基部囊状，囊内面具稀疏刚毛，基部围抱蕊柱；蕊柱极短；蕊喙2裂呈叉状；花药卵形。花期9~10月。

【分布与生境】产于乐清、永嘉、瓯海、鹿城、瑞安、文成、平阳、苍南、泰顺。生于山坡林下、路旁。

【保护价值】重要的药用植物种质资源，全草民间可入药；叶色斑驳，花形奇特，具有较高的观叶、观花价值，可作中小盆栽观赏，亦可配植于药草园。

【致危因素】生境破坏；人为过度采挖。

【保护措施】加强原生境保护；禁止人为采挖。

108 绒叶斑叶兰
Goodyera velutina Maxim. ex Regel

兰科 Orchidaceae   斑叶兰属 *Goodyera* R. Br.

国家重点保护名录	浙江省重点保护名录	红色名录等级	CITES	IUCN
			附录 II	

【形态特征】植株高7~19cm。根状茎匍匐伸长。茎直立，被柔毛，下部具叶多枚。叶片卵状长圆形，上面暗紫绿色，呈天鹅绒状，中脉白色或黄白色，下面淡红色，边缘波状，具柄。总状花序直立，长4~10cm，具花数朵至10余朵，花序轴被柔毛；花苞片淡红褐色，披针形，较花柄连子房长；花白色或粉红色，偏向同一侧；萼片近等长，外面被柔毛，中萼片长圆形，侧萼片长圆形，稍偏斜；花瓣长圆状菱形，与中萼片靠合成兜状；唇瓣凹陷囊状，囊内面具毛；蕊柱短。花期7~10月。

【分布与生境】产于泰顺（乌岩岭）。生于海拔700~1200m山坡林下阴湿地或沟谷边林下。

【保护价值】全草民间可入药；叶色暗紫呈天鹅绒状，中脉金黄，花形奇特，具有极高的观叶、观花价值。

【致危因素】自然繁殖困难；生境破坏；人为过度采挖。

【保护措施】加强原生境保护；禁止人为采挖；开展繁育研究。

109 毛葶玉凤花
Habenaria ciliolaris Kraenzl.

兰科 Orchidaceae　玉凤花属 *Habenaria* Willd.

国家重点保护名录	浙江省重点保护名录	红色名录等级	CITES	IUCN
			附录 II	

【形态特征】植株高25~60cm。块茎肉质，长圆柱形。茎粗壮，直立，常具棱和长柔毛，具叶4~6枚，集生于中部以下，上部具多枚披针形苞片状叶。叶片卵状披针形或长圆形。总状花序疏生花6~14朵，花序轴具棱，棱上疏被柔毛和星状毛；花白色；中萼片卵形，兜状，具3脉，侧萼片偏斜的卵形，反折，具3脉；花瓣卵状披针形，不裂，先端尾尖；唇瓣3裂，裂片丝状线形，中裂片长约18mm，侧裂片长约21mm，下弯；距下垂，末端膨大，棒状，向前弯曲。花期8~9月，果期10~11月。

【分布与生境】产于泰顺。生于山坡林下和沟边。

【保护价值】重要的种质资源；花形奇特，可栽培观赏。

【致危因素】生境破坏；人为过度采挖。

【保护措施】加强原生境保护；禁止人为采挖。

110 鹅毛玉凤花
Habenaria dentata (Sw.) Schltr.

兰科 Orchidaceae 玉凤花属 *Habenaria* Willd.

国家重点保护名录	浙江省重点保护名录	红色名录等级	CITES	IUCN
			附录 II	

【形态特征】植株高35~90cm。块茎1~2枚，肉质，长圆形，长2~5cm；茎无毛，散生叶3~5枚，下部具筒状鞘1~3枚，上部具多枚披针形苞片状叶。叶片长圆形，先端渐尖，基部鞘状抱茎。总状花序密生3至多朵花；花苞片披针形，先端长渐尖；花白色，中等大，中萼片直立，舟状，具5脉，侧萼片斜卵形，具3脉；花瓣披针形，不裂，与中萼片相靠成兜状；唇瓣3裂，中裂片线形，稍短于侧裂片，侧裂片半圆形，先端具细齿，基部具距；距下垂。花期8~9月，果期10~12月。

【分布与生境】产于乐清、永嘉、文成、泰顺。生于林缘山坡、路旁和沟边草地。

【保护价值】重要的药用植物种质资源，民间以块茎入药；花形奇特，极具园艺观赏价值。

【致危因素】生境破坏；人为过度采挖。

【保护措施】加强原生境保护；禁止人为采挖。

111 线叶十字兰 线叶玉凤花

Habenaria linearifolia Maxim.

兰科 Orchidaceae 玉凤花属 *Habenaria* Willd.

国家重点保护名录	浙江省重点保护名录	红色名录等级	CITES	IUCN
		近危（NT）	附录 II	

【形态特征】植株高25~80cm。块茎肉质，卵球形至球形；茎直立，茎上散生多枚叶，叶自基部向上渐小呈苞片状。中下部叶片线形，先端渐尖，基部扩大成鞘状抱茎。总状花序具花8~20余朵；花白色或绿白色；中萼片宽卵形，兜状，先端钝圆，具5脉，侧萼片斜卵形，先端钝，具6脉，反折；花瓣卵形，先端尖，具3脉，与中萼片相靠近，直立；唇瓣侧裂片与中裂片近垂直，向前弯，先端撕裂呈流苏状，距下垂，向末端逐渐膨大或突然膨大，棒状。花期6~8月，果期10月。

【分布与生境】产于乐清、永嘉、瓯海、泰顺。生于山坡阴湿处和沟谷湿地草丛中。

【保护价值】重要的种质资源；花形奇特，可栽培观赏。

【致危因素】生境破坏；人为过度采挖。

【保护措施】加强原生境保护；禁止人为采挖；开展濒危机制研究；开展繁育。

112 裂瓣玉凤花
Habenaria petelotii Gagnep.

兰科 Orchidaceae　玉凤花属 *Habenaria* Willd.

国家重点保护名录	浙江省重点保护名录	红色名录等级	CITES	IUCN
			附录 II	

【形态特征】植株高35~50cm。块茎肉质，长圆柱状；茎中部集生叶5~6枚，下部具筒状鞘2~4枚，上部具多枚披针形苞片状叶。叶片椭圆状披针形。总状花序长4~12cm，疏生花3至数朵；花淡绿色；中萼片卵形，舟状，具3脉，侧萼片长圆状卵形，先端渐尖，具3脉；花瓣从基部2裂，2裂片之间呈120°角伸展，裂片线形，边缘具缘毛；唇瓣3裂，裂片与花瓣的裂片相似，中裂片较侧裂片稍短，3裂片的边缘或多或少具缘毛；距下垂，中部以下向末端膨大呈棒状，末端钝。花期7~9月。

【分布与生境】产于文成（铜铃山）、苍南（莒溪）、泰顺（竹里）。生于林下沟谷。

【保护价值】重要的种质资源；花形奇特，可栽培观赏。

【致危因素】生境破坏；人为过度采挖。

【保护措施】加强原生境保护；禁止人为采挖；开展繁育研究。

113 十字兰
Habenaria schindleri Schltr.

兰科 Orchidaceae　玉凤花属 *Habenaria* Willd.

国家重点保护名录	浙江省重点保护名录	红色名录等级	CITES	IUCN
		易危（VU）	附录 II	

【形态特征】植株高25~70cm。块茎肉质，卵圆球形；茎直立，具多枚疏生的叶，向上渐小成苞片状。中下部的叶4~7枚，其叶片条形。总状花序具10~20余朵花；花白色；中萼片卵圆形，直立，凹陷呈舟状，与花瓣靠合呈兜状；侧萼片强烈反折，斜长圆状卵形；花瓣直立，轮廓半正三角形，2裂；上裂片先端稍钝；下裂片小齿状，先端2浅裂；唇瓣向前伸，基部条形，近基部的1/3处3深裂呈十字形，裂片条形，近等长；中裂片劲直，全缘；侧裂片与中裂片垂直伸展，向先端增宽且具流苏；距下垂，近末端突然膨大，粗棒状。花期7~10月，果期10~12月。

【分布与生境】产于乐清、永嘉、泰顺。生于山坡林下或沟谷湿地草丛中。

【保护价值】重要的种质资源；花形奇特，可栽培观赏。

【致危因素】生境破坏；人为过度采挖。

【保护措施】加强原生境保护；禁止人为采挖；开展濒危机制研究；开展繁育。

114 **盔花舌喙兰**
Hemipilia galeata Ying Tang, X. X. Zhu et H. Peng

兰科 Orchidaceae　舌喙兰属 *Hemipilia* Lindl.

国家重点保护名录	浙江省重点保护名录	红色名录等级	CITES	IUCN
			附录 II	

【形态特征】植株高8~12cm。块茎椭圆状球形，肉质；茎纤细，光滑；基部具2枚筒状鞘，其上具1枚叶。叶片卵圆形或近圆形，近基生，上面具紫斑，基部收狭成抱茎的鞘。总状花序具2或3朵花；花小，白色或少为淡紫红色，具紫色斑点；萼片卵形，先端钝；中萼片直立、离生呈盔状；侧萼片偏斜，上举；花瓣斜长圆形，直立；唇瓣向前伸展，稍凹陷，具距，近中部3裂，上面具细的乳突，边缘具不规则的细锯齿，侧裂片偏斜，较中裂片小，先端钝；距圆筒状，下垂，弯曲，末端钝。花期5~7月。

【分布与生境】产于泰顺（黄桥）。生于沟谷边或山坡林下阴湿处岩石上。

【保护价值】重要的种质资源；花形奇特；可栽培观赏。

【致危因素】自然繁殖能力较低；分布区狭窄；生境萎缩。

【保护措施】加强原生境保护；开展濒危机制研究与种群扩繁。

115 叉唇角盘兰

Herminium lanceum (Thunb. ex Sw.) Vuijk

兰科 Orchidaceae   角盘兰属 *Herminium* L.

国家重点保护名录	浙江省重点保护名录	红色名录等级	CITES	IUCN
			附录 II	

【形态特征】植株高 10~75cm。块茎圆球形，肉质；茎纤细，中部具叶 3~4 枚。叶片线状披针形，先端渐尖或急尖，基部狭窄抱茎。总状花序长 5~23cm，密生花 20~80 余朵；花苞片卵状披针形，略短于子房连花梗长，先端渐尖至尾尖；花小，黄绿色；萼片卵状长圆形，先端钝圆；花瓣线形；唇瓣长圆形，伸长，基部凹陷，无距，上面通常具乳突，中部稍缢缩，前部 3 裂，中裂片短，侧裂片叉开，末端通常卷曲；蕊柱长约 0.5mm；子房棒状。蒴果长圆形。花期 5~6 月，果期 8~9 月。

【分布与生境】产于瑞安（红双）、泰顺（垟溪）。生于山坡草地、林缘或林下草丛中。

【保护价值】重要的种质资源；花形奇特，可栽培观赏。

【致危因素】生境破坏；人为过度采挖。

【保护措施】加强原生境保护；禁止人为采挖。

116 短距槽舌兰
Holcoglossum flavescens (Schltr.) Z. H. Tsi

兰科 Orchidaceae　槽舌兰属 *Holcoglossum* Schltr.

国家重点保护名录	浙江省重点保护名录	红色名录等级	CITES	IUCN
			附录 II	

【形态特征】植株矮小。茎长1~2cm，全被宿存互相套叠的叶鞘所包围，基部密生多条长的肉质气生根。叶通常5~8枚；叶片针状，中脉上面具槽，基部鞘状抱茎。花通常1朵腋生，白色；花梗纤细，基部具2~3个管状鞘；中萼片和花瓣相似，倒卵状长圆形，具3脉，先端急尖；侧萼片较中萼片稍长，弯斜的卵状长圆形；唇瓣3裂，中裂片宽卵形，先端稍平截，中央微凹，侧裂片直立，斜三角形；距长角状。蒴果长椭圆形。花期4~5月，果期9~11月。

【分布与生境】产于文成、泰顺。附生于潮湿石壁上或树干上。

【保护价值】重要的种质资源；花形奇特，可栽培观赏。

【致危因素】生境破坏；人为过度采挖。

【保护措施】加强原生境保护；禁止人为采挖。

117 旗唇兰

Kuhlhasseltia yakushimensis (Yamam.) Ormerod

兰科 Orchidaceae 旗唇兰属 *Kuhlhasseltia* J. J. Sm.

国家重点保护名录	浙江省重点保护名录	红色名录等级	CITES	IUCN
		易危（VU）	附录II	

【形态特征】株高8~13cm。根状茎细长或粗短，肉质，具节，节上生根。茎直立，绿色，具4~5枚叶。叶片卵形，肉质，具3条脉。花葶顶生；总状花序带粉红色，具3~7朵花；萼片粉红色，中萼片长圆状卵形；侧萼片斜镰状长圆形，直立伸展；花瓣白色，具紫红色斑块，为偏斜的半卵形，近顶部突然收狭具钝的凸尖头，与中萼片等长且与中萼片紧贴呈兜状；唇瓣白色，呈"T"字形，前部扩大呈倒三角形的片，其片的前部2裂或微凹，中部爪细长，其上部两边各具1~4枚小齿；蕊柱短。花期7~8月，果期10~11月。

【分布与生境】产于泰顺（乌岩岭）。生于海拔约700m林下或沟边岩壁石缝中。

【保护价值】植株小巧，花形奇特，可栽培观赏。

【致危因素】自然繁殖能力较低；分布区狭窄；原生境破坏；生境萎缩。

【保护措施】加强原生境保护；开展濒危机制研究与种群扩繁。

118 镰翅羊耳蒜
Liparis bootanensis Griff.

兰科 Orchidaceae　羊耳蒜属 *Liparis* Rich.

国家重点保护名录	浙江省重点保护名录	红色名录等级	CITES	IUCN
			附录 II	

【形态特征】植株高11~30cm，附生。根状茎匍匐，密生串珠状假鳞茎。假鳞茎圆柱状锥形，肉质，顶生1枚叶。叶片革质，狭长圆形，先端急尖，基部连合成柄，具关节。花葶与叶近等长，总状花序有花数朵至20余朵；花苞片披针形，较花梗和子房短，先端渐尖；花浅褐黄色；萼片几等长，先端钝，中萼片狭披针形，反折，侧萼片稍弯斜；花瓣线状，与萼片等长，反折；唇瓣楔状长圆形或长圆状倒卵形，先端近平截，具微齿或微凹具短尖，基部收狭具爪，具2个乳突状胼胝体；蕊柱弯曲，近端的蕊柱翅下弯呈镰刀状。花期8~10月，果期翌年3~5月。

【分布与生境】产于瑞安、平阳、泰顺。附生于林缘溪边岩石上。

【保护价值】重要的种质资源；花形奇特，可栽培观赏。

【致危因素】生境破坏；人为过度采挖。

【保护措施】加强原生境保护；禁止人为采挖。

119 长苞羊耳蒜
Liparis inaperta Finet

兰科 Orchidaceae 羊耳蒜属 *Liparis* Rich.

国家重点保护名录	浙江省重点保护名录	红色名录等级	CITES	IUCN
		极危（CR）	附录Ⅱ	

【形态特征】植株高3~8cm，附生，具匍匐状根茎，根茎上聚生串珠状假鳞茎。假鳞茎小，近球形，顶生1枚叶。叶片近革质，椭圆形，基部连合成短柄，具关节。花葶与叶几等长或稍长，总状花序疏生5~7朵花；花苞片披针形，长于花梗和子房长度；花浅黄绿色，中萼片披针形，直立，侧萼片镰状长圆形，直立，稍短于中萼片；花瓣镰状，与萼片几等长；唇瓣对折，楔状卵形，先端几平截，有齿，或微凹，中部稍缢缩，基部胼胝体不明显；蕊柱弯曲。花期5~6月，果期9~10月。

【分布与生境】产于文成（石垟）、泰顺（乌岩岭、黄桥、竹里、洋溪）。附生于沟谷岩石上。

【保护价值】重要的种质资源；具有较高的科研价值；极危种群。

【致危因素】原生境破坏；自然繁殖能力较低；分布区狭窄；生境萎缩；人为过度采挖。

【保护措施】加强原生境保护；禁止人为采挖；开展濒危机制研究与种群扩繁野外回归。

120 见血青 虎头蕉
Liparis nervosa (Thunb.) Lindl.

兰科 Orchidaceae　羊耳蒜属 *Liparis* Rich.

国家重点保护名录	浙江省重点保护名录	红色名录等级	CITES	IUCN
			附录 II	无危（LC）

【形态特征】植株高 12~30cm，地生。假鳞茎聚生，圆柱形，肉质，暗绿色，具节，外被膜质鳞片。叶通常 2~3 枚；叶片干后膜质，宽卵形或卵状椭圆形。花葶顶生，长 8~30cm，总状花序疏生花 5~15 朵；花苞片细小；花暗紫色，中萼片线形，先端钝，侧萼片卵状长圆形，稍偏斜，先端钝，通常扭曲反折；花瓣线状；唇瓣倒卵形，先端平截或钝头，中央微凹而具短尖头，中部弯曲反折，基部稍收狭，上面具 2 胼胝体；蕊柱长约 4mm，上部具翅，近先端的翅钝圆。花期 5~6 月，果期 9~10 月。

【分布与生境】产于乐清、永嘉、瑞安、瓯海、文成、平阳、苍南、泰顺。生于山坡路旁阔叶林缘。

【保护价值】重要的药用植物种质资源，全草可入药；花形奇特，极具园艺观赏价值。

【致危因素】生境破坏；人为过度采挖。

【保护措施】加强原生境保护；禁止人为采挖；开展种群野外回归。

121 香花羊耳蒜
Liparis odorata (Willd.) Lindl.

兰科 Orchidaceae　羊耳蒜属 *Liparis* Rich.

国家重点保护名录	浙江省重点保护名录	红色名录等级	CITES	IUCN
			附录 II	

【形态特征】植株高 20~40cm，地生。假鳞茎狭卵形；茎明显，圆柱形。叶 2~3 枚；叶片纸质，狭长圆形至卵状披针形，先端渐尖，基部下延，鞘状抱茎。花葶长 16~30cm，总状花序疏生多数花；花苞片披针形，短于花梗和子房长；花黄绿色；中萼片线状长圆形，侧萼片镰状长圆形，反折；花瓣线形；唇瓣倒卵状楔形，先端近平截，稍波状，中央微凹而具短尖头，基部具 2 个棒状胼胝体；蕊柱长 2.5~3mm，前弯，上部具翅，近先端的翅增大呈钝圆或钝三角形。花期 6~7 月，果期 10 月。

【分布与生境】产于乐清、泰顺。生于向阳山坡草地。

【保护价值】重要的药用植物种质资源，全草可入药；花形奇特，极具园艺观赏价值。

【致危因素】生境破坏；人为过度采挖。

【保护措施】加强原生境保护；禁止人为采挖。

122 长唇羊耳蒜
Liparis pauliana Hand.-Mazz.

兰科 Orchidaceae　羊耳蒜属 *Liparis* Rich.

国家重点保护名录	浙江省重点保护名录	红色名录等级	CITES	IUCN
			附录 II	

【形态特征】植株高 8~30cm，地生。假鳞茎聚生，卵圆形，肉质，1.5~3cm，顶生叶 2 枚。叶片干后膜质，椭圆形、卵状椭圆形或阔卵形，鞘状抱茎。花葶长 8~27cm，总状花序疏生多花；花苞片小，卵状三角形，长约 2mm；花大，浅紫色；萼片几相似，狭长圆形；花瓣线形，与萼片几等长；唇瓣倒卵状长圆形，长 10~15mm，宽 4~7mm，先端圆形并具短尖，边缘全缘，基部具 1 枚微凹的胼胝体或有时不明显；蕊柱弯曲，近端蕊柱翅明显，短而圆。花期 4~5 月，果期 9~10 月。

【分布与生境】产于永嘉、文成（铜铃山）、泰顺。生于林下阴湿处或具覆土的岩石上。

【保护价值】重要的药用植物种质资源，全草入药；花形奇特，极具园艺观赏价值。

【致危因素】生境破坏；人为过度采挖。

【保护措施】加强原生境保护；禁止人为采挖。

123 纤叶钗子股

Luisia hancockii Rolfe

兰科 Orchidaceae　钗子股属 *Luisia* Gaudich.

国家重点保护名录	浙江省重点保护名录	红色名录等级	CITES	IUCN
			附录 II	

【形态特征】植株高10~20cm。茎稍木质，通常不分枝，圆柱形。叶互生，2列；叶片纤细，肉质，圆柱形，先端钝，基部具关节。总状花序腋生，甚短，具花2~3朵；花苞片小，三角状宽卵形，凹陷；花黄带紫色；中萼片椭圆状长圆形，凹陷，先端钝，侧萼片较中萼片稍短；花瓣倒卵状匙形，先端钝，萼片和花瓣均具5脉；唇瓣肉质，长约8mm，宽4mm，暗紫色，近中部稍缢缩，前部先端浅2裂，后部基部扩大成耳状，唇盘基部凹陷，具数条疣状凸起；蕊柱甚短。蒴果椭圆柱形。花期5~6月，果期8月。

【分布与生境】产于乐清、永嘉、洞头、平阳、泰顺。附生于沟谷阴湿石壁上或老树干上。

【保护价值】重要的药用植物种质资源，民间以全草入药，用于治疗咽喉炎；花形奇特，极具园艺观赏价值。

【致危因素】生境破坏；人为过度采挖。

【保护措施】加强原生境保护；禁止人为采挖。

124 葱叶兰
Microtis unifolia (G. Forst.) Rchb. f.

兰科 Orchidaceae　葱叶兰属 *Microtis* R. Br.

国家重点保护名录	浙江省重点保护名录	红色名录等级	CITES	IUCN
			附录 II	

【形态特征】植株高15~30cm。具球形小块茎；茎短而直立，具叶1枚。叶近圆筒状，长约25cm，粗约3mm，腹面具槽，先端细尖，基部鞘状抱茎。花葶直立，穗状花序密生多数小花；花苞片狭卵状三角形，先端锐尖；花淡绿色，直径约2.5mm；中萼片圆状卵形，兜状，长宽近相等，直立；侧萼片卵形或椭圆形，反卷，先端钝；花瓣线状长圆形；唇瓣舌状，稍肉质，下弯，边缘略波状，先端钝，基部截形，两边具疣状胼胝体；蕊柱短，先端钝；子房具短柄，长约3mm。蒴果卵形或长圆柱形，直立。花期5~6月，果期9~10月。

【分布与生境】产于洞头、瑞安、平阳、苍南。生于海拔100~750m山坡草地或荒坡草丛中。

【保护价值】重要的种质资源；花形奇特，可供观赏。

【致危因素】生境破坏；人为过度采挖。

【保护措施】加强原生境保护；禁止人为采挖。

125 日本对叶兰
Neottia japonica (Blume) Szlach.

兰科 Orchidaceae　鸟巢兰属 *Neottia* Guett.

国家重点保护名录	浙江省重点保护名录	红色名录等级	CITES	IUCN
			附录 II	

【形态特征】植株通常高15cm。茎细长，有棱，基部具1~2枚鞘，近中部处具2枚对生叶，叶以上部分具短柔毛。叶片卵状三角形，先端锐尖，基部近圆形或截形。总状花序顶生，长约6cm，具5~7朵花；花梗细长；花紫绿色；中萼片长椭圆形至椭圆形，先端急尖或钝；侧萼片斜卵形至卵状长椭圆形；花瓣长椭圆状条形；唇瓣楔形先端二叉裂，基部具一对长的耳状小裂片，耳状小裂片环绕蕊柱并在蕊柱后侧相互交叉，裂片先端叉开，条形，先端钝，两裂片间具一短三角状齿突。蕊柱甚短。花期4月，果期8~11月。

【分布与生境】产于泰顺（乌岩岭）。生于海拔约700~1100m的阴湿山坡林下。

【保护价值】科研价值较高，是研究中日植物间断分布的好材料；重要的种质资源；花形奇特，可栽培观赏。

【致危因素】原生环境破坏；自然繁殖能力较低；分布区狭窄；生境萎缩。

【保护措施】加强原生境保护；开展濒危机制研究与种群扩繁。

126 七角叶芋兰
Nervilia mackinnonii (Duthie) Schltr.

兰科 Orchidaceae 芋兰属 *Nervilia* Comm. ex Gaudich.

国家重点保护名录	浙江省重点保护名录	红色名录等级	CITES	IUCN
		濒危（EN）	附录 II	濒危（EN）

【形态特征】块茎球形，直径1~1.2cm。叶1枚，在花凋谢后长出，绿色，七角形，长2.5~4.5cm，宽3.7~5cm，具7条主脉；叶柄长4~7cm。花葶高7~10cm，结果时伸长；花序仅具1朵花；花张开或半张开；萼片淡黄色，带紫红色，线状披针形；花瓣与萼片极相似，先端急尖；唇瓣白色，凹陷，展平时长圆形，内面具3条粗脉，无毛，近中部3裂；侧裂小，直立，紧靠蕊柱两侧，先端急尖；中裂片狭长圆形，先端钝；蕊柱细长。花期5月。

【分布与生境】产于泰顺（洋溪）。生于山坡林下阴湿处。

【保护价值】芋兰属为浙江新记录属，对于芋兰属系统演化具有科研价值；花形、叶形奇特，具园艺观赏价值。

【致危因素】自然繁殖困难；生境破坏；人为过度采挖。

【保护措施】加强原生境保护；禁止人为采挖；开展濒危机制研究。

127 小沼兰

Oberonioides microtatantha (Tang et F.T.Wang) Szlach.—*Malaxis microtatantha* Tang et F. T. wang

兰科 Orchidaceae　小沼兰属 *Oberonioides* Szlach.

国家重点保护名录	浙江省重点保护名录	红色名录等级	CITES	IUCN
			附录 II	

【形态特征】植株高3~8cm，地生。假鳞茎球形，肉质，绿色。叶1枚，生于假鳞茎顶端；叶片稍肉质，近圆形、卵形或椭圆形，先端钝圆或稍尖，基部宽楔形，并下延成鞘状柄。花葶纤细，长2~2.8cm，生于假鳞茎顶端，总状花序密生多数花；花小，直径1.5~2mm，黄色，倒置，唇瓣在下方；萼片等长，长圆形，先端钝；花瓣线形或舌状披针形，稍短于萼片；唇瓣近先端3深裂，侧裂片线形，稍短于花瓣，中裂片三角状卵形，稍长于侧裂片。花期4~10月，果期11月。

【分布与生境】产于乐清、永嘉、瑞安、文成、平阳、苍南、泰顺。生于海拔50~300m山坡湿地、林下或潮湿的岩石上。

【保护价值】对广义沼兰属系统演化具有科研价值；本种植株小巧，耐阴湿，可附生于岩石苔藓，制作微型盆景或雨林缸。

【致危因素】生境破坏；人为过度采挖。

【保护措施】加强原生境保护；禁止人为采挖。

128 长叶山兰
Oreorchis fargesii Finet

兰科 Orchidaceae　山兰属 *Oreorchis* Lindl.

国家重点保护名录	浙江省重点保护名录	红色名录等级	CITES	IUCN
		近危（NT）	附录 II	近危（NT）

【形态特征】鳞茎椭圆形至近球形，有2~3节。叶2枚，偶有1枚，生于假鳞茎顶端，线状披针形或线形，基部收狭成柄，有关节状。花葶从假鳞茎侧面发出，直立，长20~30cm；总状花序通常多少缩短，具较密集的花；花10余朵或更多，通常白色并有紫纹；萼片长圆状披针形；花瓣狭卵形至卵状披针形；唇瓣为长圆状倒卵形；侧裂片线形，边缘多少具细缘毛；中裂片近椭圆状倒卵形，上半部边缘多少皱波状，先端有不规则缺刻，下半部边缘多少具细缘毛。蒴果狭椭圆形。花期5~6月，果期9~10月。

【分布与生境】产于泰顺（乌岩岭）。生于海拔约700~1000m山坡林缘。

【保护价值】重要的种质资源；花形奇特，极具园艺观赏价值。

【致危因素】自然繁殖困难；生境破坏；人为过度采挖。

【保护措施】加强原生境保护；禁止人为采挖；开展濒危机制研究。

129 长须阔蕊兰
Peristylus calcaratus (Rolfe) S.Y. Hu

兰科 Orchidaceae　阔蕊兰属 *Peristylus* Blume

国家重点保护名录	浙江省重点保护名录	红色名录等级	CITES	IUCN
			附录 Ⅱ	

【形态特征】植株高20~48cm。块茎肉质，椭圆球形；茎基部其2~4枚筒状鞘，近基部具叶3或4枚。总状花序其多数花，密生或疏生，长9~23cm；花小，绿色；萼片长圆形，先端钝，中萼片直立，凹陷，侧萼片开展，稍偏斜；花瓣与中萼片相靠，较萼片厚；唇瓣与花瓣基部合生，3深裂，中裂片狭长圆状披针形，侧裂片叉开与中裂片成近90°的夹角，细长条形，弯曲，长可达15mm或更长，在侧裂片基部有一条横的隆起脊，将唇瓣分为上唇和下唇两部分，基部具距；距棒状或纺锤形，下垂。花期9~10月。

【分布与生境】产于泰顺、乐清。生于海拔100~500m山坡灌丛下。

【保护价值】重要的药用植物种质资源，块茎可入药。

【致危因素】生境破坏；人为过度采挖。

【保护措施】加强原生境保护；禁止人为采挖。

130 狭穗阔蕊兰
Peristylus densus (Lindl.) Santapau et Kapadia

兰科 Orchidaceae　阔蕊兰属 *Peristylus* Blume

国家重点保护名录	浙江省重点保护名录	红色名录等级	CITES	IUCN
			附录 II	

【形态特征】植株高10~40cm。块茎椭圆形；茎基部具2~3枚筒状鞘，近基部具叶4~6枚，上部具若干卵状披针形小叶。叶片卵状披针形。总状花序密生多数花；花小，浅黄绿色或近白色；萼片等长，中萼片线状长圆形，凹陷，侧萼片线状长圆形；花瓣与中萼片相靠，狭长圆状卵形；唇瓣3裂，中裂片三角状线形，侧裂片钻状线形，叉开与中裂片成直角，在侧裂片基部后方具一横隆起脊，将唇瓣分成上唇和下唇两部，上唇从隆起脊处向下反曲，下唇凹陷，围抱蕊柱，基部具距；距圆筒状，下垂。花期7~9月。

【分布与生境】产于瑞安、文成、苍南、泰顺。生于山坡林下。

【保护价值】重要的药用植物种质资源，块茎可入药。

【致危因素】生境破坏；人为过度采挖。

【保护措施】加强原生境保护；禁止人为采挖。

131 黄花鹤顶兰
Phaius flavus (Blume) Lindl.

兰科 Orchidaceae　　鹤顶兰属 *Phaius* Lour.

国家重点保护名录	浙江省重点保护名录	红色名录等级	CITES	IUCN
			附录 II	

【形态特征】植株高30~100cm。具假鳞茎和具多叶的茎；假鳞茎圆锥形，高约3cm，具光泽。叶5~8枚；叶片椭圆状披针形，常具黄色斑块，先端渐尖或急尖，基部收狭呈鞘状柄。花葶从假鳞茎的基部长出，高40~75cm；总状花序具数朵花；花黄色，直径约6cm；萼片几同形，长圆形；花瓣与萼片几相似，稍偏斜；唇瓣管状，直立，围抱蕊柱，具红色边缘和纵的连续条纹，先端皱波状，不明显3裂；距长4~6mm；蕊柱长约1.7cm，前面具长柔毛。蒴果圆柱形。花期5~6月，8~11月。

【分布与生境】产于瑞安、文成、泰顺。生于海拔450~900m的山谷沟边和林下湿地。

【保护价值】温州产的本种叶上常具有黄色斑点或小斑块，花序长，花朵大，花色醒目，极具园艺价值；兰科花卉育种的好材料。

【致危因素】生境碎片化；原环境破坏；人为过度采挖。

【保护措施】加强原生境保护；禁止人为采挖；开展种群人工繁育。

132 萼脊兰

Phalaenopsis japonica (Rchb. f.) Kocyan et Schuit.—*Sedirea japonica* (Rchb. f.) Garay et H. R. Sweet

兰科 Orchidaceae　蝴蝶兰属 *Phalaenopsis* Blume

国家重点保护名录	浙江省重点保护名录	红色名录等级	CITES	IUCN
		易危（VU）	附录 II	

【形态特征】茎极短，被对折的叶基所包围，下部具肉质而长的气生根。根从下面叶腋长出，微曲。叶3~7枚，2列；叶片肉质，长圆形或椭圆状长圆形，先端钝而偏斜，基部对折抱茎。总状花序弧曲，下垂，长可达15cm，疏生花4~10朵；花多少肉质，开展，淡黄绿色；萼片与花瓣相似，长圆状卵圆形，先端钝，侧萼片基部具几条淡紫褐色横条纹；唇瓣3裂，中裂片外弯，匙形，先端扁形扩大，侧裂片小，三角形，唇盘中央具1纵脊状隆起，基部具漏斗状向前伸出的距。花期5月，果期9~11月。

【分布与生境】《浙江植物志》记载产于文成（西坑），近年来未发现野外植株。

【保护价值】重要的种质资源；园艺观赏价值较高；兰科花卉育种好材料。

133 短茎萼脊兰

Phalaenopsis subparishii (Z. H. Tsi) Kocyan et Schuit.—*Sedirea subparishii* (Z. H. Tsi) Christenson

兰科 Orchidaceae　蝴蝶兰属 *Phalaenopsis* Blume

国家重点保护名录	浙江省重点保护名录	红色名录等级	CITES	IUCN
		濒危（EN）	附录 II	

【形态特征】茎短而斜上，被对折的叶基所包围，下部丛生气生根，气生根粗壮而长。叶3~5枚，2列；叶片稍肉质，长圆形，基部收窄抱茎，具线缝状关节，中脉明显。花葶1~4个，生于茎基部叶腋；总状花序疏生花4~10余朵；花淡黄绿色；萼片和花瓣近相似，长椭圆形，稍肉质，开展，具脉7条，先端急尖，萼片背面中肋具脊状翅；唇瓣3裂，中裂片肉质，狭长圆形，从基部至先端具1枚高约1.5mm的褶片，侧裂片直立，半圆形，边缘具微齿，距口处具1枚圆锥状胼胝体。蒴果长椭圆形。花期5~6月，果期9月。

【分布与生境】产于文成、泰顺。附生于海拔300~1100m常绿阔叶林的树干或长苔藓的岩石上。

【保护价值】重要的种质资源；园艺观赏价值较高；兰科花卉育种好材料。

【致危因素】自然繁育力较弱；生境要求特殊；分布区狭窄。

【保护措施】加强原生境保护；严禁人为采挖；开展濒危机制研究；开展繁育并野外回归。

134 细叶石仙桃 石橄榄
Pholidota cantonensis Rolfe

兰科 Orchidaceae　石仙桃属 *Pholidota* Lindl.

国家重点保护名录	浙江省重点保护名录	红色名录等级	CITES	IUCN
			附录 II	

【形态特征】根状茎长而匍匐，被鳞片。假鳞茎疏生于根状茎上，卵形至卵状长圆形，顶端具叶2枚。叶片革质，线状披针形，基部收狭为短柄，叶脉明显。花葶着生于幼假鳞茎顶端；总状花序具10余朵2列的花；花苞片卵状长圆形，开花时脱落；花小，白色或淡黄色；萼片近相似，椭圆状长圆形，离生，具1脉，侧萼片背面具狭脊；花瓣卵状长圆形，与萼片等长，但较宽，先端急尖；唇瓣兜状，唇盘上无褶片；蕊柱短，顶端具3浅裂的翅。蒴果椭圆形。花期3~4月，果期8月。

【分布与生境】产于乐清、永嘉、瑞安、鹿城、瓯海、文成、平阳、苍南、泰顺。附生于沟谷或林下石壁上。

【保护价值】全草可入药，具有滋阴润肺、清热凉血之功效；植株小巧，花形奇特，可栽培观赏。

【致危因素】生境碎片化；原环境破坏；人为过度采挖。

【保护措施】加强原生境保护；禁止人为采挖；开展种群人工繁育。

135 石仙桃
Pholidota chinensis Lindl.

兰科 Orchidaceae 石仙桃属 *Pholidota* Lindl.

国家重点保护名录	浙江省重点保护名录	红色名录等级	CITES	IUCN
			附录 II	近危（NT）

【形态特征】根状茎粗壮，匍匐生根。假鳞茎卵形或近球形，在根状茎上离生，顶生叶2枚。叶片长椭圆形或倒披针形，基部收狭成柄，叶脉明显；叶柄长。花葶生于假鳞茎顶端，从两叶间长出，长10~15cm，基部具鞘状卵形的鳞片；总状花序常具花10~20余朵，下弯；花绿白色；萼片近相似，卵形，背面具脊，先端钝，具3脉；花瓣线形，与萼片近等长，具1脉；唇瓣3裂，侧裂片叠盖于中裂片，基部凹陷呈囊状，唇盘具3条褶片；蕊柱极短，顶端翅状。蒴果卵形，具6条纵棱。花期4~5月，果期7~8月。

【分布与生境】产于泰顺（垟溪、乌岩岭、竹里）。附生于疏林中或沟谷的石壁和大树干上。

【保护价值】重要的药用植物资源，假鳞茎可入药；花形奇特，假鳞茎硕大，极具园艺观赏价值。

【致危因素】生境碎片化；原生环境破坏；人为过度采挖。

【保护措施】加强原生境保护；禁止人为采挖；开展种群人工繁育。

136 大明山舌唇兰
Platanthera damingshanica K. Y. Lang et H. S. Guo

兰科 Orchidaceae 舌唇兰属 *Platanthera* Rich.

国家重点保护名录	浙江省重点保护名录	红色名录等级	CITES	IUCN
		易危（VU）	附录 II	

【形态特征】植株高30~50cm。根状茎肉质，指状。茎较纤弱，中部以下具大形叶1枚，中上部1~3枚，向上逐渐变小成苞片状，基部鞘状鳞叶1~2枚。叶片狭倒披针形或线状长圆形，基部鞘状抱茎。总状花序疏生花3~8朵；花苞片披针形；花黄绿色；中萼片宽卵形，直立，舟状，先端锐尖，具3脉，侧萼片反折，偏斜的狭长圆形或宽线形，先端钝，反折，具3脉；花瓣斜卵形，基部向一侧扩大，先端锐尖，具2脉；唇瓣舌状线形，肉质，先端钝；距细，线形，下垂，略向前弯。花期5月，果期8~11月。

【分布与生境】产于泰顺。生于沟谷阴湿地或林下阴湿处。

【保护价值】花小而奇特，可盆栽观赏。

【致危因素】生境碎片化；原生环境破坏；人为采挖。

【保护措施】加强原生境保护；禁止人为采挖；开展繁育与野外种群保护。

137 密花舌唇兰
Platanthera hologlottis Maxim.

兰科 Orchidaceae　舌唇兰属 *Platanthera* Rich.

国家重点保护名录	浙江省重点保护名录	红色名录等级	CITES	IUCN
			附录 II	

【形态特征】植株高57~80cm。根状茎肉质，指状。茎细长，无毛，具叶5~12枚，叶自茎下部向上逐渐变小成苞片状。叶片线状披针形或宽线形，先端渐尖，基部呈短鞘状抱茎。总状花序长6~16cm，密生多数花；花苞片线状披针形，先端渐尖；花白色；中萼片椭圆形，稍兜状，先端钝，具5~7脉；侧萼片椭圆状卵形，偏斜，反折，具5~7脉；花瓣斜卵形，具5~7脉；唇瓣舌状长椭圆形，肉质，先端圆钝；距细长，长1~2cm，下垂；子房与距几等长。花期7月，果期10~11月。

【分布与生境】产于瓯海（齐云山）、瑞安（金子峰）、泰顺。生于海拔900~1100m山沟潮湿的沼泽草地。

【保护价值】植株高大，花形奇特，可用于兰科专类园栽培或盆栽观赏。

【致危因素】生境碎片化；原生环境破坏；人为采挖。

【保护措施】加强原生境保护；开展种群人工繁育；禁止人为采挖。

138 舌唇兰 长距兰
Platanthera japonica (Thunb.) Lindl.

兰科 Orchidaceae　舌唇兰属 *Platanthera* Rich.

国家重点保护名录	浙江省重点保护名录	红色名录等级	CITES	IUCN
			附录 II	

【形态特征】植株高 35~70cm。根状茎肉质，指状。茎直立，具叶 3~6 枚。叶自下向上渐小；叶片椭圆形或长圆形，长 10~18cm，宽 3~7cm，先端钝或急尖，基部鞘状抱茎。总状花序长 10~18cm，具花 10~15 朵；花苞片宽线形至狭披针形；花白色；中萼片卵形，稍呈兜状，先端钝或急尖，先端钝，具 1 脉；唇瓣线形，长 1.3~1.5cm，不分裂，肉质，基部贴生于蕊柱；距细长，丝状，长 3~6cm，下垂，弧曲；蕊柱极短；子房细圆柱形，无毛。花期 5~6 月。

【分布与生境】产于瑞安、泰顺。生于沟谷林下。

【保护价值】重要的种质资源；花形奇特，可供栽培观赏。

【致危因素】生境碎片化；原生环境破坏；人为采挖。

【保护措施】加强原生境保护；开展种群人工繁育；禁止人为采挖。

139 尾瓣舌唇兰

Platanthera mandarinorum Rchb. f.

兰科 Orchidaceae　舌唇兰属 *Platanthera* Rchb.

国家重点保护名录	浙江省重点保护名录	红色名录等级	CITES	IUCN
			附录 II	

【形态特征】植株高18~45cm，根状茎肉质，指状。茎直立，具叶1~3枚，以叶1枚为多。叶片长圆形，少为线状披针形，先端急尖，基部抱茎。总状花序疏生花7~20余朵；花黄绿色；中萼片宽卵形，先端钝圆，具3脉，侧萼片长圆状披针形，偏斜，基部一侧扩大，反折，先端钝，具3脉；花瓣镰形，下半部卵圆形，基部一侧扩大，上部骤狭为线形、尾状，增厚，具3脉，其中1脉又侧生支脉；唇瓣舌状线形；距细长，长2~3cm，向后斜伸且有时向上举。花期5~6月，果期8~11月。

【分布与生境】产于永嘉、洞头、瑞安、文成、泰顺。生于山坡林下或草地。

【保护价值】重要的种质资源；全草可入药。

【致危因素】生境碎片化；原生环境破坏；人为采挖。

【保护措施】加强原生境保护；禁止人为采挖。

140 小舌唇兰
Platanthera minor (Miq.) Rchb. f.

兰科 Orchidaceae　舌唇兰属 *Platanthera* Rich.

国家重点保护名录	浙江省重点保护名录	红色名录等级	CITES	IUCN
			附录 II	

【形态特征】植株高 20~60cm。根状茎膨大呈块茎状，椭圆形或纺锤形。茎直立，具叶 2~3 枚，叶由下向上渐小呈苞片状。叶片椭圆形或长圆状披针形，基部鞘状抱茎，茎上部的线状披针形，先端渐尖。总状花序长 10~18cm，疏生多数花；花淡黄绿色；中萼片宽卵形，先端钝或急尖，侧萼片椭圆形，稍偏斜，先端钝，反折；花瓣斜卵形，先端钝，基部一侧稍扩大，具 2 脉，其中 1 脉又分出 1 支脉；唇瓣舌状，肉质，下垂；距细筒状，下垂，稍向前弧曲。花期 5~7 月。

【分布与生境】产于乐清、永嘉、瑞安、洞头、文成、平阳、苍南、泰顺。生于山坡林下或草地。

【保护价值】重要的种质资源；全草可入药。

【致危因素】原生境破坏；生境碎片化；人为采挖。

【保护措施】加强原生境保护；严禁人为采挖。

141 筒距舌唇兰
Platanthera tipuloides (L. f.) Lindl.

兰科 Orchidaceae 舌唇兰属 *Platanthera* Rich.

国家重点保护名录	浙江省重点保护名录	红色名录等级	CITES	IUCN
		近危（NT）	附录 II	

【形态特征】植株高20~30cm。根状茎肉质，指状。茎细长，中部以下具大形叶1枚，叶之下具鞘状鳞叶1~2枚，大叶之上叶由下向上渐小呈苞片状。最大的1枚叶的叶片长椭圆形至线状长圆形，先端钝，基部扩展抱茎。总状花序疏生多数花；花苞片长披针形，与子房近等长；花绿黄色；中萼片卵形或宽卵形，先端渐尖或钝，具3脉；花瓣斜卵形，稍肉质，先端钝，具1脉；唇瓣三角状线形，肉质，长5~6mm；距细筒状，长1.2~1.7cm。花期5~6月。

【分布与生境】产于永嘉（四海山）、文成（石垟）。生于林缘沟谷边阴湿地。

【保护价值】重要的药用植物种质资源；全草入药。

【致危因素】原生境破坏；生境碎片化；人为采挖。

【保护措施】加强原生境保护；严禁人为采挖。

142 **东亚舌唇兰 小花蜻蜓兰**
Platanthera ussuriensis (Regel) Maxim.—*Tulotis ussuriensis* (Regel et Maack) H. Hara

兰科 Orchidaceae 舌唇兰属 *Platanthera* Rich.

国家重点保护名录	浙江省重点保护名录	红色名录等级	CITES	IUCN
		近危（NT）	附录 II	

【形态特征】植株高 20~55cm。根状茎肉质，指状，水平伸展。茎直立，具叶 2~3 枚，着生于茎下部，向上渐小呈苞片状，基部具鞘状鳞叶 1~3 枚。叶片狭长椭圆形或倒披针形，先端渐尖，基部成长鞘状抱茎。总状花序长 3~8cm，稀生多数花；花苞片狭披针形，较子房稍长；花小，淡黄绿色；中萼片宽卵形，先端钝或微凹，侧萼片镰状椭圆形，开展；花瓣狭长圆形，先端钝圆形；唇瓣线形，基部 3 裂，中裂片长，侧裂片小，半圆形；距纤细，下垂，与子房等长。花期 7~8 月，果期 9~10 月。

【分布与生境】产于乐清、永嘉、瑞安、文成、平阳、苍南、泰顺。生于沟谷林缘阴湿地。

【保护价值】重要的药用植物种质资源，全草可入药，具有祛风通络止痛、清热解毒之效。

【致危因素】原生境破坏；生境碎片化；人为采挖。

【保护措施】加强原生境保护；严禁人为采挖。

143 台湾独蒜兰
Pleione formosana Hayata

兰科 Orchidaceae　独蒜兰属 *Pleione* D. Don

国家重点保护名录	浙江省重点保护名录	红色名录等级	CITES	IUCN
二级		易危（VU）	附录Ⅱ	易危（VU）

【形态特征】半附生或附生草本。假鳞茎绿色或暗紫色，顶端具1枚叶。叶在花期尚幼嫩，长成后椭圆形或倒披针形，纸质。花葶直立，顶端通常具1花，偶见2花；花粉红色至白色，唇瓣上面具有黄色、红色或褐色斑，有时略芳香；中萼片狭椭圆状倒披针形；侧萼片狭椭圆状倒披针形，多少偏斜；花瓣线状倒披针形；唇瓣宽卵状椭圆形至近圆形，不明显3裂，先端微缺，上部边缘撕裂状，上面具2~5条褶片，中央1条褶片短或不存在；褶片常有间断，全缘或啮蚀状。花期4~5月，果期7~8月。

【分布与生境】产于乐清、永嘉、瑞安、瓯海、文成、平阳、苍南、泰顺。生于海拔300~1500m林下或林缘腐殖质丰富的岩石上。

【保护价值】重要的药用植物种质资源，假鳞茎可入药，具有清热解毒、消肿散结之功效；花色艳丽，园艺价值高，可供栽培观赏。

【致危因素】原生境破坏；生境碎片化；人为过度采挖。

【保护措施】加强原生境保护；严禁人为采挖。

144 朱兰
Pogonia japonica Rchb.f.

兰科 Orchidaceae   朱兰属 *Pogonia* Juss.

国家重点保护名录	浙江省重点保护名录	红色名录等级	CITES	IUCN
		近危（NT）	附录 II	

【形态特征】植株高 12~23cm。根状茎短小，具细长根 3~7 条。茎细长，直立，在中部或中部以上具叶1 枚。叶片长圆状披针形，直立，先端急尖，基部楔形，下延至茎。花 1 朵，顶生，淡红紫色；花苞片狭长圆形，较子房长；萼片和花瓣几同形等长，狭长圆状倒披针形，中部以上 3 裂，中裂片较长，舌状，边缘具流苏状锯齿，侧裂片较短，基部至中裂片先端具 2 条纵褶片，褶片在中裂片上具明显鸡冠状突起；蕊柱长约 7mm；稍弯曲，上部边缘稍扩大。花期 5~6 月，果期 8~9 月。

【分布与生境】产于瓯海、平阳、泰顺。生于海拔 400~1300m 山顶草丛中、山谷旁林下、灌丛下湿地。

【保护价值】重要的种质资源；园艺观赏价值较高。

【致危因素】生境要求特殊；分布区狭窄；自然繁育力较弱。

【保护措施】加强原生境保护；严禁人为采挖；开展繁育并野外回归。

145 二叶兜被兰
Neottianthe cucullata (L.) Schltr.

兰科 Orchidaceae 兜被兰属 *Neottianthe* Rchb. f.

国家重点保护名录	浙江省重点保护名录	红色名录等级	CITES	IUCN
		易危（VU）	附录Ⅱ	

【形态特征】植株高6~21cm。块茎圆球形或卵形；茎直立，其上具2枚近对生的叶，在叶之上常具2~4枚不育苞片。叶片卵形、卵状披针形或椭圆形。总状花序长3~10cm，具花4~20余朵，偏向同一侧；花紫红色或粉红色；萼片彼此紧密靠合成兜；中萼片先端急尖，具1脉；侧萼片斜镰状披针形，具1脉；花瓣披针状线形，具1脉，与萼片贴生；唇瓣向前伸展，上面和边缘具细乳突，中部3裂，侧裂片线形，具1脉，中裂片较侧裂片长而稍宽。花期8~9月，果期10~11月。

【分布与生境】产于泰顺（乌岩岭）。生于海拔约700~1300m山坡林缘。

【保护价值】重要的种质资源；花形奇特，可供观赏。

【致危因素】自然繁殖困难；生境破坏；人为过度采挖。

【保护措施】加强原生境保护；禁止人为采挖。

146 无柱兰

Ponerorchis gracilis (Blume) X. H. Jin, Schuit. et W. T. Jin—*Hemipilia gracilis* (Blume) Y. Tang, H. Peng et T. Yukawa

兰科 Orchidaceae 小红门兰属 *Ponerorchis* Rchb. f.

国家重点保护名录	浙江省重点保护名录	红色名录等级	CITES	IUCN
			附录 II	

【形态特征】植株高达30cm。块茎卵形或长圆状椭圆形；基部具1叶。叶窄长圆形、椭圆状长圆形或卵状披针形，长5~12cm。花序具5至20余朵；苞片卵状披针形或卵形；花粉红或紫红色；中萼片卵形，长2.5~3mm，侧萼片斜卵形或倒卵形，长3mm；花瓣斜椭圆形或斜卵形，长2.5~3mm；唇瓣倒卵形，长3.5~7mm，基部楔形，具距，中部以上3裂；距圆筒状，几直伸，下垂，末端钝；蕊柱极短，直立；花粉团卵球形；柱头2；退化雄蕊2个。花期5~6月，果期9~10月。

【分布与生境】产于乐清、永嘉、瑞安、文成、平阳、苍南、泰顺等地。生于山坡沟谷边或林下阴湿处岩石上。

【保护价值】花秀丽，具有观赏价值。

【致危因素】种群数量少。

【保护措施】禁止采挖；加强生境保护。

147 大花无柱兰

Shizhenia pinguicula (Rchb. f. et S. Moore) X. H. Jin, L. Q. Huang, W. T. Jin et X. G. Xiang—*Hemipilia pinguicula* (Rchb. f. et S. Moore) Y. Tang et H. Peng

兰科 Orchidaceae 时珍兰属 *Shizhenia* X. H. Jin et L. Q. Huang

国家重点保护名录	浙江省重点保护名录	红色名录等级	CITES	IUCN
		极危（CR）	附录 II	

【形态特征】植株高达16cm。块茎卵球形；茎近基部具1叶。叶线状倒披针形、舌状长圆形、窄椭圆形或长圆状卵形，长1.5~8cm，宽0.6~1.2cm。花序具1（2）花；苞片线状披针形；花玫瑰红或紫红色；中萼片卵形，长6~7mm，宽约4mm，侧萼片斜卵状披针形，反折，长8mm；花瓣斜卵形，直立，较中萼片宽短，与中萼片靠合唇瓣前伸，扇形，长1.1~1.5cm，宽1.3~1.9cm，基部楔形，具爪，具距，前部3裂；中裂片较侧裂片稍小，倒卵状楔形；距圆锥形，下垂，长1.5~1.7cm，稍弯曲，末端尖，与子房等长或长于子房。花期4~5月。

【分布与生境】产于乐清、永嘉、瑞安、文成、泰顺等地。生于山坡林下岩石上或沟边阴湿草地上。

【保护价值】花秀丽，具观赏价值。

【致危因素】分布区较狭窄。

【保护措施】禁止采挖；加强生境保护。

148 香港绶草
Spiranthes × hongkongensis S. Y. Hu et Barretto

兰科 Orchidaceae　绶草属 *Spiranthes* Rich.

国家重点保护名录	浙江省重点保护名录	红色名录等级	CITES	IUCN
			附录 II	

【形态特征】植株高12~43cm。茎直立或匍匐。叶2~6枚，线形至倒披针形，先端尖锐。花葶直立，10~42cm；花序长3.5~13cm，很具多数呈螺旋状排列的小花；花苞片披针形，被稀疏腺状短柔毛，先端渐尖。花白色；中萼片长圆形，与花瓣靠合成兜状，外表面被腺状短柔毛，先端钝；侧萼片长披针形，外表面被腺状短柔毛，先端钝；唇瓣长圆形，先端平截，皱缩，基部全缘，中部以上呈啮齿皱波状，表面具皱波纹和硬毛，基部稍凹陷，呈浅囊状，囊内具2枚突起。花期7~8月，果期9~11月。

【分布与生境】产于乐清、永嘉、瑞安、文成、平阳、苍南、泰顺。生于海拔300~950m的林缘草地、生苔藓岩石上。

【保护价值】带根全草可入药，具有清热解毒、利湿消肿之功效。

【致危因素】原生境破坏；生境碎片化；人为过度采挖。

【保护措施】加强原生境保护；减少人为采挖。

149 绥草 盘龙参

Spiranthes sinensis (Pers.) Ames

兰科 Orchidaceae 绥草属 *Spiranthes* Rich.

国家重点保护名录	浙江省重点保护名录	红色名录等级	CITES	IUCN
			附录 II	

【形态特征】植株高15~45cm。茎直立，基部簇生数条肉质根。叶2~8枚；叶片稍肉质，下部的线状倒披针形或线形，上部的呈苞片状。穗状花序长4~20cm，具多数呈螺旋状排列的小花；花粉红色或紫红色；萼片几等长，中萼片长圆形，与花瓣靠合成兜状，侧萼片较狭；花瓣与萼片等长；唇瓣长圆形，先端平截，皱缩，基部全缘，中部以上呈啮齿皱波状，表面具皱波纹和硬毛，基部稍凹陷，呈浅囊状，囊内具2枚突起；蕊柱短，先端扩大，基部狭窄。花期5~9月，果期8~11月。

【分布与生境】产于乐清、永嘉、瓯海、瑞安、洞头、文成、平阳，苍南、泰顺。生于低海拔至1300m路边草地、沟边草丛中或灌木丛下。

【保护价值】带根全草可入药，具有清热解毒、利湿消肿之功效。

【致危因素】部分地区分布数量较多，但也存在原生境破坏和人为过度采挖的可能。

【保护措施】加强原生境保护；减少人为采挖。

150 带叶兰 蜘蛛兰
Taeniophyllum glandulosum Blume

兰科 Orchidaceae 带叶兰属 *Taeniophyllum* Blume

国家重点保护名录	浙江省重点保护名录	红色名录等级	CITES	IUCN
			附录 II	

【形态特征】植株极小，无绿叶，具发达的根；根极多，簇生，稍扁而弯曲，长 3~12cm，伸展呈蜘蛛状附生于树干表皮。茎几无，被多数褐色鳞片。总状花序 1~4 个，直立，具 1~4 朵小花；花黄绿色，萼片和花瓣在中部以下合生成筒状，上部离生；中萼片卵状披针形，上部稍外折，在背面中肋呈龙骨状隆起；侧萼片与中萼片近等大；花瓣卵形，先端锐尖；唇瓣卵状披针形，向先端渐尖，先端具 1 个倒钩的刺状附属物，基部两侧上举而稍内卷。蒴果圆柱形。花期 4~7 月，果期 6~10 月。

【分布与生境】产于泰顺（乌岩岭）。常生于海拔 450~900m 的山地林中树干上。

【保护价值】具有科研价值。

【致危因素】自然繁育力低下；生境要求特殊；分布区狭窄。

【保护措施】加强原生境保护；开展种群人工繁育；禁止人为采挖。

151 带唇兰
Tainia dunnii Rolfe

兰科 Orchidaceae　带唇兰属 *Tainia* Blume

国家重点保护名录	浙江省重点保护名录	红色名录等级	CITES	IUCN
		近危（NT）	附录 II	

【形态特征】植株高32~58cm。根状茎匍匐伸长，节上生假鳞茎。假鳞茎圆锥状长圆柱形，紫褐色，顶生叶1枚。叶具长柄；叶片长椭圆状披针形。花葶直立，从假鳞茎侧边的根状茎上长出，高30~60cm，纤细；总状花序疏生花10余朵；花淡黄色；中萼片披针形，先端急尖，侧萼片与花瓣几等长，镰状披针形，萼囊钝；唇瓣长圆形，3裂，侧裂片镰状长圆形，中裂片横椭圆形，先端平截或中央稍凹缺，上面有3条短的褶片，唇盘上有2条纵褶片；蕊柱棍棒状，弧曲。花期5月，果期7月。

【分布与生境】产于乐清、永嘉、瓯海、鹿城、瑞安、文成、平阳、苍南、泰顺。生于海拔350~800m山谷沟边或山坡林下。

【保护价值】重要的种资源；花序长，花形奇特，具有较高的园艺观赏价值。

【致危因素】生境碎片化；原生境破坏；人为采挖。

【保护措施】加强原生境保护；开展种群人工繁育；禁止人为采挖。

152 线柱兰
Zeuxine strateumatica (L.) Schltr.

兰科 Orchidaceae　线柱兰属 *Zeuxine* Lindl.

国家重点保护名录	浙江省重点保护名录	红色名录等级	CITES	IUCN
			附录 II	

【形态特征】植株高5~25cm。根状茎短，匍匐。茎淡棕色，直立或近直立，具多枚叶。叶淡褐色，无柄，具鞘抱茎；叶片条形至条状披针形。总状花序几乎无花序梗，具几朵至20余朵密生的花；苞片红褐色，长于花；花小，白色或黄白色；中萼片狭卵状长圆形，凹陷，先端钝，与花瓣黏合呈兜状；侧萼片偏斜的长圆形，先端急尖；花瓣歪斜，半卵形或近镰状，与中萼片等长；唇瓣肉质或较薄，舟状，淡黄色或黄色，基部凹陷呈囊状。蒴果椭圆球形，淡褐色。花期4月，果期6~9月。

【分布与生境】产于泰顺（彭溪镇西关村）。生于海拔296m的山坡林缘草丛中。

【保护价值】本种在华南地区的草地极为常见，但在浙江分布区狭窄，具有重要的科研价值。

【致危因素】原生境破坏；人为采挖。

【保护措施】加强原生境保护；减少人为采挖。

153 多花黄精
Polygonatum cyrtonema Hua

天门冬科 Asparagaceae　黄精属 *Polygonatum* Mill.

国家重点保护名录	浙江省重点保护名录	红色名录等级	CITES	IUCN
		近危（NT）		

【形态特征】根状茎肥厚，通常连珠状或结节成块。茎高50~100cm，通常具10~15枚叶。叶互生，椭圆形、卵状披针形至矩圆状披针形，长10~18cm，宽2~7cm，先端尖至渐尖。花序具（1~）2~7（~14）花，伞形，总花梗长1~4（~6）cm，花梗长0.5~1.5（~3）cm；苞片微小，位于花梗中部以下，或不存在；花被黄绿色，长18~25mm，裂片长约3mm；花丝长3~4mm，两侧扁或稍扁，具乳头状突起至具短绵毛，顶端稍膨大乃至具囊状突起；子房长3~6mm，花柱长12~15mm。浆果黑色，直径约1cm，具3~9颗种子。花期5~6月，果期8~10月。

【分布与生境】产于全市各地山区。生于海拔1100m以下山坡林下、沟边草丛或岩壁缝隙中。

【保护价值】根状茎可入药，具有补气养阴，健脾，润肺，益肾等功效。

【致危因素】分布数量较多，但由于药用价值，近年来采挖较为严重。

【保护措施】禁止采挖；加强原生境保护。

154 毛鳞省藤
Calamus thysanolepis Hance

棕榈科 Arecaceae　省藤属 *Calamus* L.

国家重点保护名录	浙江省重点保护名录	红色名录等级	CITES	IUCN
	列入			

【形态特征】丛生灌木状，高2~3m。叶羽状全裂，长0.8~2.5m；羽片2~6片成组聚生于叶轴两侧，并指向不同方向，剑形，先端渐尖，长20~37cm，宽1.5~2.5cm；叶轴三棱形，有扁刺和小针刺；叶鞘非筒状并渐延伸为叶柄。肉穗花序具少数分枝，每分枝约有9个小穗状花序，花序轴"之"字形弯曲。坚果球形，直径可达1cm，鳞片约20纵列，三角状菱形，淡红黄色，向顶端变为淡红褐色，下部边缘被褐色睫毛。种子椭圆形，稍扁，背面略有小瘤状突起，种脊面有深的合点孔穴，胚乳均匀，胚基生。花期5~6月，果期9~12月。

【分布与生境】产于乐清、永嘉、龙湾、苍南、泰顺等地。生于海拔200m以下山坡和溪沟林中或岩石缝中。

【保护价值】藤茎质地柔韧，可供编织各种藤器、家具；植株具南亚热带棕榈特色，可用于园林绿化。

【致危因素】生境破坏；居群和个体数很少。

【保护措施】加强原生境保护。

155 曲轴黑三棱
Sparganium fallax Graebn.

香蒲科 Typhaceae　黑三棱属 *Sparganium* L.

国家重点保护名录	浙江省重点保护名录	红色名录等级	CITES	IUCN
	列入			

【形态特征】多年生挺水草本。茎直立，高约40~70cm。叶片长40~65cm，先端渐尖，中下部背面呈龙骨状凸起或稍钝圆，基部鞘状，海绵质。花序总状，长15~17cm，中下部弯曲；雄性头状花序4~7个，排列稀疏，远离雌性头状花序；雌性头状花序3~4个，生于凹处，下部雌性花序具总花梗，生于叶状苞片腋内；雄花花被片条形，先端具齿，花药长1.5~1.8mm，宽约0.3~0.5mm，花丝深褐色；雌花花被片宽匙形，先端具齿，或浅裂，花柱较短；子房椭圆形，先端渐尖，基部收缩。果实宽纺锤形，具短柄，褐色。花果期6~10月。

【分布与生境】产于永嘉，泰顺等地。生于山地沼泽、池塘浅水处或溪沟中。

【保护价值】可用于水景绿化布置，供观赏。

【致危因素】生境破坏。

【保护措施】加强生境保护。

156 发秆薹草
Carex capillacea Boott

莎草科 Cyperaceae　薹草属 *Carex* L.

国家重点保护名录	浙江省重点保护名录	红色名录等级	CITES	IUCN
		濒危（EN）		

【形态特征】秆密丛生。高15~40cm，上部稍粗糙。叶短于秆，丝状，宽0.5~1mm，平展或内卷，平滑，基部叶鞘纤维状，褐色。小穗1，顶生，雄雌顺序，雄花部分线形，长4~7mm，3~7花，雌花部分卵形，长3~6mm，密生4~10花；雌花鳞片椭圆状卵形，长约2mm，两侧棕色，中间部分色淡，1~3脉。果囊披针状卵形，肿胀三棱状，长2.5~3mm，2侧脉明显，中间的脉纤细不明显，成熟时平展，喙短，喙口微凹或具2微齿，有时具锈点；小坚果疏松包果囊中，椭圆形，三棱状，长约1.8mm；花柱基部不膨大，宿存，柱头3。花果期4~5月。

【分布与生境】产于文成等地。生于海拔850m的湿地中。

【保护价值】耐水湿，可作湿地植物应用。

【致危因素】种群稀少。

【保护措施】加强生境保护。

157 高氏薹草

Carex kaoi Tang et F. T. Wang ex S. Y. Liang

莎草科 Cyperaceae　薹草属 *Carex* L.

国家重点保护名录	浙江省重点保护名录	红色名录等级	CITES	IUCN
		近危（NT）		

【形态特征】秆侧生，高7~13cm，扁三棱形，弯曲，平滑，具3~4无叶片的叶鞘。叶长于秆3~4倍，宽1~1.5cm，基部对折，边缘粗糙，先端渐窄；苞片短叶状，具鞘。小穗3~4，靠近，顶生1个雄性，棍棒状，长5~7mm；侧生小穗2~3，雌性，卵形，长1cm，花稀疏，5~7朵；雌花鳞片披针状宽卵形，黄白色，3脉，具芒尖。果囊长于鳞片，斜展，菱形，长7~8mm，纸质，黄绿色，无毛，喙长2.5mm，喙口具2齿；小坚果紧包果囊中，菱状椭圆形，三棱状，黑色，柄稍弯，中部棱上缢缩，下部棱面凹陷，顶端稍膨大；柱头3。果期5月。

【分布与生境】产于永嘉、文成、泰顺等地。生于海拔450~800m的路边、草丛或林下。

【保护价值】较耐阴，可作为林下地被植物。

【致危因素】种群稀少。

【保护措施】加强原生境保护。

158 天目山薹草
Carex tianmushanica C. Z. Zheng et X. F. Jin

莎草科 Cyperaceae　薹草属 *Carex* L.

国家重点保护名录	浙江省重点保护名录	红色名录等级	CITES	IUCN
		近危（NT）		

【形态特征】根状茎短。秆丛生，高30~50cm，扁三棱形，基部具暗褐色的叶鞘。叶宽4~7mm，具小横隔。苞片短叶状，上部的刚毛状，短于小穗，具鞘；小穗4，顶生小穗雄性，线状圆柱形；侧生小穗雄性，线状圆柱形，长3~5cm，小穗柄伸出苞鞘；雄花鳞片长圆形，顶端渐尖，长3.5~4mm，背面中脉明显，具多数脉，疏被微毛或近无毛，基部渐狭，先端收缩成短喙，喙口具2小齿。小坚果紧包于果囊中，椭圆球形，长约4mm，灰褐色，棱上中部凹陷，基部具短柄，顶端缩成环盘状；花柱基部膨大，宿存；柱头3。花果期4~5月。

【分布与生境】产于苍南等地。生于海拔700~800m的路边。

【保护价值】较耐阴，可作为林下地被植物。

【致危因素】分布区狭窄；种群稀少。

【保护措施】加强原生境保护。

159 方竹
Chimonobambusa quadrangularis (Franceschi) Makino

禾本科 Poaceae　寒竹属 *Chimonobambusa* Makino

国家重点保护名录	浙江省重点保护名录	红色名录等级	CITES	IUCN
	列入			

【形态特征】竿直立，高3~8m，粗1~4cm，节间长8~22cm，呈钝圆的四棱形，幼时密被向下的黄褐色小刺毛，毛落后仍留有疣基；箨环初时有一圈金褐色绒毛环及小刺毛。箨鞘纸质或厚纸质；箨片极小，锥形。末级小枝具2~5叶；叶鞘革质，无毛；叶舌截形，边缘生细纤毛，背面具小刺毛；叶片薄纸质，长椭圆状披针形，长8~29cm，宽1~2.7cm，上面无毛，下面初被柔毛，后变无毛。花枝呈总状或圆锥状排列，具稀疏的假小穗2~4枚；小穗含2~5朵小花；颖1~3片，披针形；内稃与外稃近等长；柱头2，羽毛状。花期4~7月。

【分布与生境】产于乐清、鹿城、泰顺等地。生于山坡路边、林下等。

【保护价值】可供庭园观赏；竿可作手杖。笋肉味美。

【致危因素】过度采挖；种群稀少。

【保护措施】禁止采挖；加强生境保护。

160 薏苡
Coix lacryma-jobi L.

禾本科 Poaceae　薏苡属 *Coix* L.

国家重点保护名录	浙江省重点保护名录	红色名录等级	CITES	IUCN
	列入			

【形态特征】多年生草本。秆粗壮，直立，高1~2m，多分枝。叶鞘光泽，上部者短于节间；叶片条状披针形，长10~40cm，宽1~3cm。总状花序多数，成束生于叶腋，长4~10cm，具长总梗。小穗单生，雌小穗长7~10mm，总苞骨质，念珠状，原球形；第一颖具10脉，第二颖舟形，第一外稃略短于颖，内稃缺，第二外稃稍短于稃，具3脉，较外稃小，具3退化雄蕊；无柄雄小穗长8mm，颖草质，第一颖扁平，多脉，第二颖舟形，具多脉，外稃与内稃均为膜质，雄蕊3；有柄雄小穗与无柄者相似，但较小或退化。花果期6~12月。

【分布与生境】产于乐清、永嘉、文成、平阳、泰顺等地，有时为栽培后逸生。生于海拔900m以下的田边水沟或池塘边草丛。

【保护价值】茎、叶可作为饲料或造纸；总苞晾干制成念珠，供装饰用；种子供食药用，具有利湿健脾、舒筋除痹、清热排脓等功效；种子还可酿酒。

【致危因素】野生种群和个体少。

【保护措施】加强生境保护。

161 空心竹 空心苦
Pseudosasa aeria T. H. Wen

禾本科 Poaceae　矢竹属 *Pseudosasa* Makino ex Nakai

国家重点保护名录	浙江省重点保护名录	红色名录等级	CITES	IUCN
		濒危（EN）		

【形态特征】竿高约6m，粗约2cm；节间长30~40cm，无毛；每节1~3枝。箨鞘绿色，被刺毛；箨耳椭圆形，褐色，边缘有细繸毛；箨舌截形；箨片披针形，先端略有皱褶，边缘有细锯齿，两面均无毛。小枝具3~5叶；叶鞘长5cm，边缘有纤毛；叶舌截形；叶片披针形，长11~20cm，宽10~22mm，先端呈尾状延伸，基部宽楔形，两面均无毛。花序位于侧生小枝的顶端；苞片1，具小穗1~5枚；小穗具11朵小花；颖1或2片；外稃先端边缘有纤毛；内稃略短于外稃，外面密被细柔毛；鳞被3；子房棒状无毛，花柱被粗毛，柱头3。笋期6月。

【分布与生境】产于苍南等地，模式标本采自苍南。生于山坡林下。

【保护价值】竹材可编制小农具。

【致危因素】分布区狭窄；种群稀少。

【保护措施】加强生境保护。

162 华箬竹
Sasa sinica Keng

禾本科 Poaceae　赤竹属 *Sasa* Makino et Shibata

国家重点保护名录	浙江省重点保护名录	红色名录等级	CITES	IUCN
		近危（NT）		

【形态特征】竿高约1~1.5m，直径3~5mm；上部各节间常不等长。箨鞘宿存，淡紫色，边缘生纤毛。小枝顶生2~3叶；叶鞘无毛；叶舌截形；叶片长圆形兼披针形，长10~20cm，宽1.5~3cm，下面基部具少量稀疏的短毛或两面均无毛。花序具4~6节，每节各具1苞片，花序总梗密被茸毛及白粉；圆锥花序疏散，含2~10枚小穗；小穗深紫色，含小花4~9朵；颖2，卵形，先端具小尖头，背部具毛，边缘具粗长之睫毛；外稃边缘具紫色纤毛，背部具微毛；内稃稍长于外稃；鳞被3；花药淡黄色；花柱短，柱头3，羽状。花期4~5月。

【分布与生境】产于泰顺等地。生于疏林下、路旁。

【保护价值】可供庭园观赏。

【致危因素】分布区狭窄；种群稀少。

【保护措施】加强生境保护。

163 中华结缕草
Zoysia sinica Hance

禾本科 Poaceae　结缕草属 *Zoysia* Willd.

国家重点保护名录	浙江省重点保护名录	红色名录等级	CITES	IUCN
二级				

【形态特征】多年生。具横走根状茎；秆直立，高13~30cm，茎部常具宿存枯萎的叶鞘。叶鞘无毛，鞘口具长柔毛；叶舌短而不明显；叶片长可达10cm，宽1~3mm，无毛，质地稍坚硬。总状花序穗形，小穗排列稍疏，长2~4cm，宽4~5mm，伸出叶鞘外；小穗披针形或卵状披针形，黄褐色或略带紫色，长4~5mm，宽1~1.5mm，具长约3mm的小穗柄；颖光滑无毛，侧脉不明显，中脉近顶端与颖分离，延伸呈小芒尖；外稃膜质，长约3mm，具1明显的中脉；雄蕊3枚；花柱2，柱头帚状。颖果棕褐色，长椭圆形。花果期5~10月。

【分布与生境】产于洞头、瑞安、苍南、泰顺等地。生于海拔100m以下的山脚草丛或山坡石壁上。

【保护价值】本种叶片质硬，耐践踏，宜作草坪草。

【致危因素】生境破坏。

【保护措施】加强生境保护。

164 延胡索

Corydalis yanhusuo (Y. H. Chou et Chun C. Hsu) W. T. Wang ex Z. Y. Su et C. Y. Wu

罂粟科 Papaveraceae　紫堇属 *Corydalis* DC.

国家重点保护名录	浙江省重点保护名录	红色名录等级	CITES	IUCN
	列入	易危（VU）		

【形态特征】多年生草本，高7~20cm。块茎近球形，直径0.5~2.5cm，外面黄褐色；茎直立，常分枝，下部有1或2枚大而反折的鳞片；茎生叶3或4。叶片宽三角形，长3.5~7cm，二回三出复叶，小叶片3全裂或深裂，长2~4cm，宽3~10mm，全缘。总状花序顶生，长2.5~8cm，疏生5~15朵花，花紫红色，外花瓣边缘具齿，距圆筒形，长1.1~1.3cm，常上弯。蒴果条形，长2~2.8cm，具1列种子。种子亮黑色，卵球形，长1.3~1.8mm。花期3~4月，果期4~5月。

【分布与生境】产于泰顺。生于海拔700~1200m的阔叶林中。

【保护价值】块茎为传统中药材"元胡"，具有活血、理气、止痛、通小便的功效，为著名"浙八味"之一。

【致危因素】分布区狭窄；人为过度采挖。

【保护措施】禁止采挖；进行人工繁育和野外回归，恢复其野外分布；进行人工栽培；开发其药用价值。

165 六角莲 山荷叶

Dysosma pleiantha (Hance) Woodson

小檗科 Berberidaceae　八角莲属 *Dysosma* Woodson

国家重点保护名录	浙江省重点保护名录	红色名录等级	CITES	IUCN
二级	列入	近危（NT）		

【形态特征】多年生草本，高20~60cm。根状茎粗壮，呈圆形结节状，具淡黄色须根。地上茎直立，无毛，顶端生2叶，叶对生。叶片近纸质，盾状，轮廓近圆形，直径16~33cm，5~9浅裂，上面暗绿色，下面淡黄绿色，两面无毛，边缘具细刺齿；叶柄长10~28cm。花5~8朵排成伞形花序状，生于两茎生叶叶柄交叉处，花紫红色，下垂，花瓣6，倒卵状长圆形，长3~4cm。浆果倒卵状长圆形或椭圆形，长约3cm，熟时近黑色。花期4~6月，果期7~9月。

【分布与生境】产于乐清、永嘉、瑞安、文成、平阳、泰顺。生于海拔300~1600m的山坡沟谷林下阴湿处。

【保护价值】干燥根茎可入药，具有清热解毒、化痰散结的功效，但有毒，内服慎用；叶形美观，花色艳丽，可盆栽或用于庭院绿化。

【致危因素】分布区狭窄；人为采挖。

【保护措施】加强原生境母株保护，禁止采挖；进行人工繁育和野外回归，增加其野外分布数量和密度；进行人工栽培；开发其药用和观赏价值。

166 八角莲
Dysosma versipellis (Hance) M. Cheng

小檗科 Berberidaceae　八角莲属 *Dysosma* Woodson

国家重点保护名录	浙江省重点保护名录	红色名录等级	CITES	IUCN
二级	列入	易危（VU）		易危（VU）

【形态特征】多年生草本，高20~60cm。根状茎粗壮横走，有节。地上茎直立，无毛，茎生叶1片，有时2片，盾状着生。叶片圆形，直径15~40cm，4~9浅裂，裂片宽三角状卵圆形或卵状长圆形，长2.5~10cm，基部宽5~7cm，先端急尖，边缘具针刺状细齿，上面无毛，下面密被毛至无毛；叶柄长5~15cm。花5~8朵或更多，排成伞形花序，着生于近叶基处，花深紫红色，花瓣6，勺状倒卵形，长2~2.6cm。浆果卵形至椭圆形，长约4cm。花期5~7月，果期7~9月。

【分布与生境】产于文成、泰顺。生于海拔300~1 300m的山坡林下、灌丛中、溪边阴湿处或竹林下。

【保护价值】干燥根茎入药，治疗跌打损伤、半身不遂、毒蛇咬伤等；叶形奇特，花色艳丽，可作庭院绿化或盆栽。

【致危因素】分布区狭窄；人为采挖。

【保护措施】加强原生境母株保护；禁止采挖；进行人工繁育和野外回归增加其野外分布数量和密度；进行人工栽培；开发其药用和观赏价值。

167 黔岭淫羊藿
Epimedium leptorrhizum Stearn

小檗科 Berberidaceae　淫羊藿属 *Epimedium* Tourn. ex L.

国家重点保护名录	浙江省重点保护名录	红色名录等级	CITES	IUCN
	列入	近危（NT）		

【形态特征】多年生草本，高达30cm。匍匐根状茎细长，具节。一回三出复叶基生或茎生；小叶3枚，革质，狭卵形或卵形，长3~10cm，宽2~5cm，先端长渐尖，基部深心形；顶生小叶基部裂片近大；侧生小叶基部裂片不大，极偏斜，上面无毛，背面沿主脉被棕色柔毛，常被白粉，具乳突，边缘具刺齿。总状花序具4~8朵花，长13~20cm，被腺毛；花大，淡红色，直径约4cm，花瓣长达2cm，呈角距状，基部无瓣片。蒴果长圆形，长约15mm，宿存花柱喙状。花期3~4月，果期5~6月。

【分布与生境】产于瑞安、平阳、苍南、泰顺。生于海拔800~1500m的阔叶林、毛竹林下或灌丛中。

【保护价值】具有补肝肾、祛风湿和抗骨质疏松之功效；可作为小型盆栽花卉。

【致危因素】人为采挖。

【保护措施】禁止采挖；进行人工繁育和野外回归，恢复其野外分布；进行人工栽培；开发其药用价值。

168 三枝九叶草 箭叶淫羊藿
Epimedium sagittatum (Siebold et Zucc.) Maxim.

小檗科 Berberidaceae   淫羊藿属 *Epimedium* Tourn. ex L.

国家重点保护名录	浙江省重点保护名录	红色名录等级	CITES	IUCN
	列入	近危（NT）		

【形态特征】多年生常绿草本，高30~60cm。根状茎粗壮，结节状。一回三出复叶，茎生复叶1~3；小叶3，革质；顶生小叶片卵状披针形，长4~20cm，宽3~8.5cm，两侧裂片近对称；侧生小叶片箭形，基部不对称，叶片上面无毛，下面疏生长柔毛，边缘具细密刺齿。圆锥花序具19~60朵花，长7.5~10cm，花梗无毛，花白色，直径6~8mm，外萼片密被紫斑，内萼片大，白色，距状花瓣4，短于内萼片，棕黄色；雄蕊4。蒴果长约10mm，顶端具长喙。种子肾状长圆形。花期3~4月，果期5~6月。

【分布与生境】产于乐清、永嘉、瑞安、文成、平阳、泰顺。生于海拔500~1500m的山坡、沟谷林下或灌丛中。

【保护价值】全草的中药名为"仙灵脾"，地上部分中药名为"淫羊藿"，均可入药，具有补肾壮阳、祛风除湿的功效。

【致危因素】人为过度采挖。

【保护措施】禁止采挖；进行人工繁育和野外回归，恢复其野外分布；进行人工栽培；开发其药用价值。

169 舟柄铁线莲
Clematis dilatata C. Pei

毛茛科 Ranunculaceae　铁线莲属 *Clematis* L.

国家重点保护名录	浙江省重点保护名录	红色名录等级	CITES	IUCN
	列入	近危（NT）		

【形态特征】常绿木质藤本。一至二回羽状复叶，有5~13小叶，小叶片革质，长卵形、卵形、卵圆形或长圆状披针形，长3~9cm，宽1.5~3.5cm，全缘，两面无毛，下面粉绿色；叶柄基部合生，扩大成舟状；小叶柄不具关节。圆锥状聚伞花序顶生或腋生，比叶短。花直径达5.5cm；萼片5或6（7），平展，白色或微带淡紫色，长2~3.5cm，宽0.5~1cm，倒卵状披针形或长椭圆形。瘦果两侧扁，狭卵形，长约5mm。花期5~6月，果期7~8月。

【分布与生境】产于永嘉、文成、泰顺。生于海拔600m以下的山坡林中或山谷路边林缘。

【保护价值】常绿木质藤本，圆锥状聚伞花序大，花瓣粉红，具有较高的园林观赏价值，可用于垂直绿化。

【致危因素】分布区狭窄；人为过度采挖；原生境破坏。

【保护措施】加强原生境保护；禁止人为采挖；进行人工繁育研究；发挥其观赏价值。

170 **重瓣铁线莲**
Clematis florida Thunb. var. *flore-pleno* D. Don

毛茛科 Ranunculaceae　铁线莲属 *Clematis* L.

国家重点保护名录	浙江省重点保护名录	红色名录等级	CITES	IUCN
	列入			

【形态特征】草质藤本。二回三出复叶，连叶柄长达12cm；小叶片狭卵形至披针形，长2~6cm，宽1~2cm，先端钝尖，基部圆形，边缘全缘，两面无毛，网纹不清晰。单花腋生，花梗长6~11cm，近无毛，中下部具1对大型叶状苞片，苞片宽卵圆形或卵状三角形，长2~3cm，基部无柄或具短柄，被黄色柔毛；花直径约5cm，萼片6，淡绿色，初开时两侧内卷，雄蕊几全部变成花瓣状，白色或淡绿色，远较萼片狭小。花期4~5月，果期6~8月。

【分布与生境】产于文成、平阳、泰顺。生于海拔600m以下的山谷、溪边林中或灌丛中。

【保护价值】花直径较大，淡绿色，雄蕊花瓣状，具有较高的园林观赏价值，可用于盆栽或庭院美化。

【致危因素】分布区狭窄；人为过度采挖；原生境破坏。

【保护措施】加强原生境保护；禁止人为采挖；进行人工繁育研究，充分发挥其观赏价值。

171 天台铁线莲

Clematis tientaiensis (M. Y. Fang) W. T. Wang—*Clematis patens* C. Morren et Decne. var. *tientaiensis* (M. Y. Fang) W. T. Wang

毛茛科 Ranunculaceae　铁线莲属 *Clematis* L.

国家重点保护名录	浙江省重点保护名录	红色名录等级	CITES	IUCN
	列入			

【形态特征】草质藤本，长达4m。茎圆柱形，棕黑色或暗红色，幼时被稀毛，后脱落。三出复叶，小叶片薄革质，卵状披针形，长4~7cm，宽2~3.5cm，先端渐尖，基部圆，全缘，边缘具开展睫毛，两面近无毛；小叶柄常扭曲，叶柄长4~6cm。单花顶生或腋生，花大，直径8~14cm，萼片5或6，平展，白色，倒卵形或匙形，长4~6cm，宽2~4cm，具长约2mm的尖头。瘦果卵形，宿存花柱长3~3.5cm，被白色或淡黄色长柔毛。花期5~6月，果期8~9月。

【分布与生境】产于乐清。生于海拔200~1200m的山坡林下及灌丛中。

【保护价值】花大，白色，具有较高的园林观赏价值，可用于庭院美化。

【致危因素】分布区狭窄；人为过度采挖；原生境破坏。

【保护措施】加强原生境保护，禁止人为采挖；进行人工繁育研究，充分发挥其观赏价值。

172 短萼黄连 浙黄连
Coptis chinensis Franch. var. *brevisepala* W. T. Wang et P. K. Hsiao

毛茛科 Ranunculaceae　黄连属 *Coptis* Salisb.

国家重点保护名录	浙江省重点保护名录	红色名录等级	CITES	IUCN
二级	列入	濒危（EN）		

【形态特征】多年生草本，高10~30cm。根状茎黄色，密生多数须根，味极苦。叶基生，叶片坚纸质，卵状三角形，宽约10cm，3全裂，中央裂片具3或5对羽状裂片，边缘具细刺尖的锐锯齿；叶柄长5~12cm。二歧或多歧聚伞花序，具花3~8朵，花小，黄绿色，萼片短，长约6.5mm，不反卷，花瓣线形或线状披针形，长5~6.5mm。蓇葖果长6~8mm。种子7~8粒，长椭圆形，长2mm，褐色。花期2~3月，果期4~6月。

【分布与生境】产于永嘉、文成、平阳、苍南、泰顺。生于海拔400~1400m的沟谷林下阴湿处。

【保护价值】根状茎可入药，具有清热燥湿、泻火解毒的功效，是著名中药"浙黄连"的道地药材。

【致危因素】分布区狭窄；自然繁殖能力低下；人为过度采挖。

【保护措施】加强原生境母株保护；禁止采挖；进行人工繁育和野外回归，增加其野外分布数量和密度；进行人工栽培，开发其药用价值。

173 东方野扇花

Sarcococca orientalis C. Y. Wu

黄杨科 Buxaceae　野扇花属 *Sarcococca* Lindl.

国家重点保护名录	浙江省重点保护名录	红色名录等级	CITES	IUCN
	列入			

【形态特征】常绿灌木，高0.6~3m。枝黄绿色，具纵棱，有极短细毛。叶互生；叶片薄革质，长圆状披针形或长圆状倒披针形，稀椭圆形或椭圆状长圆形，长6~9cm，宽2~3cm，先端渐尖，全缘，两面均无毛，最下一对侧脉为基生三出脉，两面均明显，其余侧脉仅上面稍清晰，细脉不可见；叶柄长5~8mm。花序近头状；雄花3~5朵或较多，簇生花序上部；雌花1~3朵或较多，着生花序下部；雄花无花梗；雌花连梗长3~5mm。果核果状，深红色，成熟时变黑色，近球形，无毛，直径约7mm；果梗长3~5mm。花期11月至次年3月，果期次年12月至第三年3月。

【分布与生境】产于泰顺等地。生于高海拔的疏林、路旁或灌丛中。

【保护价值】我国特有植物；重要的种质资源。

【致危因素】分布区较狭窄。

【保护措施】开展人工保育研究。

174 腺蜡瓣花
Corylopsis glandulifera Hemsl.

金缕梅科 Hamamelidaceae　蜡瓣花属 *Corylopsis* Siebold et Zucc.

国家重点保护名录	浙江省重点保护名录	红色名录等级	CITES	IUCN
		近危（NT）		

【形态特征】落叶灌木，高2~5m。叶互生；叶片倒卵形，长5~9cm，宽3~6cm，先端急尖，基部斜心形或近圆形，边缘上半部有锯齿，齿尖刺毛状，上面绿色，无毛，下面淡绿色，被星状柔毛或至少脉上有毛。总状花序生于侧枝顶端，长3~5cm，花序轴及花序梗均无毛；总苞状鳞片近圆形，外面无毛，内面贴生丝状毛；萼筒钟状，无毛；花瓣匙形，长5~6cm。蒴果近球形，长6~8mm，无毛。种子亮黑色，长4mm。花期3~4月，果期9~11月。

【分布与生境】产于乐清、永嘉、瑞安、文成、平阳、苍南、泰顺。生于海拔500~1600m的山坡林缘或灌丛中。

【保护价值】早春先花后叶，花形奇特且秀丽、芳香，夏叶浓密、平展，秋叶蜡黄，具有较高的园林观赏价值，可作庭院美化。

【致危因素】数量较多，暂无致危因素。

【保护措施】加强原生境保护；减少人为干扰。

175 闽粤蚊母树

Distylium chungii (F. P. Metcalf) W. C. Cheng

金缕梅科 Hamamelidaceae　蚊母树属 *Distylium* Siebold et Zucc.

国家重点保护名录	浙江省重点保护名录	红色名录等级	CITES	IUCN
		易危（VU）		

【形态特征】常绿小乔木，高达8m。树皮灰褐色。芽卵球形，裸露，被星状茸毛。叶片革质，长圆形或长圆状倒卵形，长5~9cm，宽2.5~4cm，先端锐尖或略钝，基部宽楔形，全缘或靠近先端有1~2小齿突，上面暗绿色，下面淡绿色，侧脉5~6对，在上面凹陷，在下面隆起。总状花序生于叶腋，花序轴有褐色星状茸毛。蒴果卵球形，长约1.5cm，成熟时2瓣裂，每瓣再2浅裂。种子亮褐色，卵球形，长6~7mm。花期3~4月，果期8~10月。

【分布与生境】产于平阳、苍南、泰顺。生于低海拔的山坡林中或村边风水林中。

【保护价值】木材坚硬，可做家具；枝叶茂密，可作园林观赏植物。

【致危因素】分布区狭窄；人为砍伐；原生境破坏。

【保护措施】加强原生境保护；禁止人为砍伐。

176 台湾蚊母树
Distylium gracile Nakai

金缕梅科 Hamamelidaceae 蚊母树属 *Distylium* Siebold et Zucc.

国家重点保护名录	浙江省重点保护名录	红色名录等级	CITES	IUCN
		濒危（EN）		濒危（EN）

【形态特征】常绿小乔木，高达5~10m。树皮灰褐色。幼枝与芽被褐色星状绒毛。叶片革质，宽椭圆形，长2~5cm，宽1.5~2.5cm，先端急尖或圆钝，基部楔形、宽楔形或近圆形，全缘，边缘常半透明，侧脉3或4对，细弱；叶柄长2~4mm，有星状柔毛。花序腋生，雄花序穗状，长1~1.5cm；杂性花序总状，长2~2.5cm；两性花位于上部，花药紫红色。蒴果卵球形，长约1cm，密被褐色星状毛。花期3~4月，果期9~10月。

【分布与生境】产于苍南。生于低海拔的沿海山地上或海岛阔叶林中。

【保护价值】树形整齐，枝叶浓密，可作园林观赏植物。

【致危因素】分布区狭窄。

【保护措施】加强原生境保护。

177 紫花八宝

Hylotelephium mingjinianum (S. H. Fu) H. Ohba

景天科 Crassulaceae 八宝属 *Hylotelephium* H. Ohba

国家重点保护名录	浙江省重点保护名录	红色名录等级	CITES	IUCN
		近危（NT）		

【形态特征】多年生草本，高20~40cm。茎直立常不分枝。叶互生，茎叶常呈紫红色；下部的叶片宽椭圆状倒卵形，长8~12cm，宽3~5cm，先端钝或具尖头，基部渐狭成柄，边缘具波状钝齿；上部的叶片狭卵形至条形，较小。聚伞状伞房花序顶生，具多数密集的花；花梗长8~10mm；萼片5，卵状披针形，长2.5~3.5mm，宽约1mm；花瓣5，紫色，狭卵形，长5~6mm，宽约2mm；雄蕊10，与花瓣近长。种子褐色、条形，长约1mm，表面生细乳头状突起。花期9~10月，果期10月。

【分布与生境】产于永嘉、泰顺。生于海拔200~950m的山间溪沟边阴湿处或树干、屋顶及石隙间。

【保护价值】全草可药用，有活血止血、清热解毒功效。

【致危因素】人为采挖。

【保护措施】加强原生境种群保护；禁止人为采挖。

178 蕈树 阿丁枫
Altingia chinensis (Champ. ex Benth.) Oliv. ex Hance

阿丁枫科 Altingiaceae　蕈树属 *Altingia* Noronha

国家重点保护名录	浙江省重点保护名录	红色名录等级	CITES	IUCN
	列入			

【形态特征】常绿乔木，高达20m。树皮灰色，片状剥落。叶片革质，倒卵状长圆形，长7~13cm，宽2~4cm，先端短急尖，基部楔形，边缘有钝锯齿，上面暗绿色，下面淡绿色，两面无毛，侧脉7~8对。雄花短穗状花序，再组成圆锥状，雄蕊多数，花丝极短；雌花15~26朵，排成头状花序，单生或再组成圆锥花序。头状果序近球形。种子多数，褐色，多角形，有光泽，表面有细点状突起。花期3~6月，果期7~9月。

【分布与生境】产于苍南、泰顺。生于海拔350~700m的山坡、沟谷阔叶林中或路边。

【保护价值】木材可提取蕈香油；材质坚硬，可作家具；树干通直，枝叶开展，可用于园林绿化。

【致危因素】分布区狭窄；人为砍伐；原生境破坏。

【保护措施】加强原生境母树保护，禁止采伐，通过人工繁育和野外回归，增加其野外分布数量；进行人工栽培，开发其化工、材用、绿化等价值。

179 半枫荷
Semiliquidambar cathayensis H. T. Chang

阿丁枫科 Altingiaceae 半枫荷属 *Semiliquidambar* Hung T. Chang

国家重点保护名录	浙江省重点保护名录	红色名录等级	CITES	IUCN
		易危（VU）		

【形态特征】常绿乔木，高达17m。树皮灰色，稍粗糙。嫩枝无毛。叶簇生于枝顶，厚革质，二型；不分裂的叶片卵状椭圆形，长8~13cm，宽3.5~6cm，先端急尖、短渐尖或短尾尖，尾长0.5~1.5cm；分裂叶掌状3裂，中裂片长3~5cm，两侧裂片卵状三角形，长2~2.5cm，边缘有腺锯齿；叶柄粗壮，长3~4cm。短穗状雄花序常数个排成总状，长约6cm；头状雌花序单生，花序梗长4.5cm，花柱长6~8mm。头状果序直径约2.5cm，有蒴果22~28个。花期3~6月，果期7~9月。

【分布与生境】产于泰顺。生于海拔300~1200m的山地常绿阔叶林中。

【保护价值】中国特有种；具有枫香属和蕈树属两属间的综合性状，是研究金缕梅科系统发育的重要材料；根可入药，治风湿跌打、瘀滞肿痛等；木材材质优良，可作旋刨制品。

【致危因素】分布区狭窄；人为砍伐；原生境破坏。

【保护措施】加强原生境母树保护；禁止采伐；通过人工繁育和野外回归逐步恢复其野外种群；进行人工栽培开发其药用、材用等价值。

180 三叶崖爬藤 三叶青
Tetrastigma hemsleyanum Diels et Gilg

葡萄科 Vitaceae 崖爬藤属 *Tetrastigma* (Miq.) Planch.

国家重点保护名录	浙江省重点保护名录	红色名录等级	CITES	IUCN
	列入			

【形态特征】多年生常绿草质蔓生藤本。块根卵形或椭圆形。茎无毛,下部节上生根;卷须不分枝,与叶对生。掌状小叶3互生,中间小叶稍大,卵状披针形,长3~7cm,宽1.2~2.5cm,边缘疏生具腺状尖头的小锯齿,侧生小叶片基部偏斜,几无毛,侧脉5~7对;叶柄长1.3~3.5cm。聚伞花序生于当年新枝上,总花梗短于叶柄;花小,黄绿色;花梗有短硬毛;花萼杯状,4裂;花瓣4,近卵形;花盘与子房合生;子房2室,柱头4裂,星状展开。浆果球形,直径约6mm,初红褐色,熟时黑色。种子1颗。花期4~5月,果期7~8月。

【分布与生境】产于乐清、永嘉、瑞安、文成、平阳、苍南、泰顺等地。生于山坡或山沟、溪谷两旁林下或林缘。

【保护价值】块根供药用,具有活血散瘀、解毒、化痰之功效。

【致危因素】过度采挖。

【保护措施】禁止采挖。

181 温州葡萄
Vitis wenchowensis C. Ling ex W. T. Wang

葡萄科 Vitaceae　葡萄属 *Vitis* L.

国家重点保护名录	浙江省重点保护名录	红色名录等级	CITES	IUCN
		濒危（EN）		

【形态特征】木质藤本。枝无毛，纤细，径1~2mm；卷须不分叉。单叶，叶片薄纸质或近纸质，叶变异范围广，常为戟状狭三角形或三角形，稀卵形，常有3~5不规则裂，长4~9.5cm宽2.5~4.5cm，先端长渐尖，稀急尖，基部深心形，边缘具粗齿牙，有短睫毛，上面沿中脉及侧脉有短伏毛，其他部分无毛，具光泽，下面网脉稍明显，无毛，紫红色，带白粉；叶柄长1.8~3.2cm，纤细，无毛。雌花序长3.8~6cm，花小，花序轴及花梗有开展的短毛。浆果近球形，直径约8mm。花期5~6月，果期8~10月。

【分布与生境】产于乐清、永嘉、瑞安、文成、泰顺等地，模式标本采自瑞安。生于山坡路边或溪沟边灌丛中。

【保护价值】叶型奇特，叶背紫红色，具有较高的观赏价值，可作为藤本植物在园林上应用。

【致危因素】浙江特有种；分布区较狭窄。

【保护措施】加强生境保护。

182 浙江蘡薁
Vitis zhejiang-adstricta P. L. Chiu

葡萄科 Vitaceae　葡萄属 *Vitis* L.

国家重点保护名录	浙江省重点保护名录	红色名录等级	CITES	IUCN
二级				

【形态特征】木质藤本。小枝纤细，圆柱形，具细纵棱纹，嫩时被蛛丝状茸毛，老后脱落几无毛；卷须二叉分枝。叶卵形或五角状卵圆形，3~5浅至深裂，常混有不裂叶者，长3~6cm，宽3~5cm，顶端急尖或短渐尖，中裂片菱状卵形，叶基部心形，上面绿色，下面淡绿色，两面除沿主脉被小硬毛外疏生极短细毛；基部5出脉，中脉有侧脉3~5对，网脉在下面微凸出；叶柄长2~4cm，疏被短柔毛。果序长3.5~8cm，近无毛；苞片狭三角形，具短缘毛，脱落；果梗长2~3mm，无毛。果实球形，直径0.6~0.8cm。花期不明，果期9~10月。

【分布与生境】产于乐清、泰顺等地。生于海拔200~700m山谷溪边林缘灌草丛。

【保护价值】浙江特有种；重要的种质资源。

【致危因素】分布区较狭窄；生境破坏。

【保护措施】加强生境保护；开展人工保育研究。

183 南岭黄檀 秧青

Dalbergia assamica Benth.—*Dalbergia balansae* (Synonym) Prain

豆科 Leguminosae　黄檀属 *Dalbergia* L. f.

国家重点保护名录	浙江省重点保护名录	红色名录等级	CITES	IUCN
				易危（VU）

【形态特征】落叶乔木，高达15m。树皮灰黑色至灰白色，有纵纹至条片状开裂。小枝幼时疏被毛，后无毛。奇数羽状复叶，有小叶13~17（~21）；叶轴有疏毛；托叶线形，长约3mm，早落；小叶片长圆形或倒卵状长圆形，长2~4cm，初时两面均被柔毛。圆锥花序腋生，长5~10cm；花小，白色，长6~7mm；花梗长约3mm；花萼钟形，被锈色短柔毛；子房密被锈色柔毛。荚果椭圆形，扁平，通常有1~2粒种子；果柄长约6mm。花期6月，果期10~11月。

【分布与生境】产于瑞安、文成、平阳、苍南、泰顺。生于山坡阔叶林中。

【保护价值】材质坚韧，供做高级家具；树干通直，枝繁叶茂，可作风景树或庭荫树。

【致危因素】人为砍伐；原生境破坏。

【保护措施】加强原生境母树保护；减少人为砍伐。

184 黄檀 不知春
Dalbergia hupeana Hance

豆科 Leguminosae　黄檀属 *Dalbergia* L. f.

国家重点保护名录	浙江省重点保护名录	红色名录等级	CITES	IUCN
		近危（NT）		

【形态特征】落叶乔木，高10~20m。树皮暗灰色，呈条片状剥落。奇数羽状复叶，有小叶9~11枚；小叶片近革质，长圆形或宽椭圆形，长3~5.5cm，宽1.5~3cm，先端圆钝或微凹，基部圆形或宽楔形，两面被平伏短柔毛或近无毛。圆锥花序顶生或生于近枝顶叶腋，长15~20cm；花序梗近无毛，花梗及花萼被锈色柔毛；花萼钟状，5齿裂；花冠淡紫色或黄白色，具紫色条斑。荚果长圆形，长3~9cm，宽13~15mm，扁平，不开裂，有1~3粒种子。种子黑色，近肾形，长约9mm。花期5~6月，果期8~9月。

【分布与生境】产于温州市各地。生于山坡上、溪沟边、路旁、林缘或疏林中。

【保护价值】山地造林的先锋树种；材质结构细密，是细木工优良用材；根皮入药，具有清热解毒、止血消肿之功效。

【致危因素】人为砍伐；原生境破坏。

【保护措施】加强原生境种群保护；减少人为砍伐。

185 中南鱼藤
Derris fordii Oliv.

豆科 Leguminosae　鱼藤属 *Derris* Lour.

国家重点保护名录	浙江省重点保护名录	红色名录等级	CITES	IUCN
	列入			

【形态特征】木质攀缘藤本。奇数羽状复叶，长15~28cm，具小叶5~7枚；托叶三角形，宿存；小叶片椭圆形或卵状长圆形，长4~12cm，宽2~5cm，先端短尾尖或尾尖，钝头，基部圆形，两面无毛，侧脉6~7对；小叶柄长4~6mm。圆锥花序腋生；小苞片2枚，钻形；花萼钟状，萼齿5枚；花冠白色，长约1cm，旗瓣有短柄，翼瓣1侧有耳，龙骨瓣与翼瓣近长，基部有尖耳。荚果长圆形，长4~9cm，宽1.5~2.3cm，扁平，腹缝翅宽2~3mm，背缝翅宽不及1mm，花柱宿存；有1~2粒种子。花期6月，果期11~12月。

【分布与生境】产于乐清、文成、苍南、泰顺。生于低山丘陵、山溪边的灌丛中或疏林下。

【保护价值】根、茎及叶含鱼藤酮，可毒鱼和作杀虫剂；根和茎供药用，外用可治跌打肿痛、关节痛、皮肤湿疹、疥疮，毒性大，严禁内服。

【致危因素】人为砍伐。

【保护措施】加强原生境种群保护；减少人为砍伐。

186 山豆根 胡豆莲
Euchresta japonica Hook. f. ex Regel

豆科 Leguminosae　山豆根属 *Euchresta* Benn.

国家重点保护名录	浙江省重点保护名录	红色名录等级	CITES	IUCN
二级		易危（VU）		

【形态特征】常绿小灌木，高30~90cm。茎圆柱形，基部稍匍匐，分枝少。羽状3小叶，互生；叶柄长3~6cm，托叶早落；小叶片近革质，稍有光泽，倒卵状椭圆形或椭圆形，先端钝头，基部宽楔形或近圆形，侧脉不明显；顶生小叶片较大。总状花序与叶对生，长7~14cm，花序梗长3.5~7cm，花梗长4~7mm，基部具小苞片；萼筒斜钟状；花冠白色；子房具柄，花柱细长，柱头小。荚果熟时黑色，肉质，椭圆形，有1粒种子；果梗长约5mm。花期5~7月，果期9~11月。

【分布与生境】产于文成、泰顺。生于海拔700~1200m的阴湿山沟边、山坡常绿阔叶林下。

【保护价值】根具有清热解毒、消肿止痛的功效，但有毒，内服需严格控制剂量。

【致危因素】自然繁殖能力低下，生长慢，野外开花率和结果率均较低；分布区狭窄；原生境破坏。

【保护措施】加强原生境种群保护；禁止人为采挖；开展人工繁育和野外回归，增加其野外分布点和分布数量。

187 野大豆

Glycine max subsp. *soja* (Sieb. et Zucc.) H. Ohashi

豆科 Fabaceae　大豆属 *Glycine* Willd.

国家重点保护名录	浙江省重点保护名录	红色名录等级	CITES	IUCN
二级				

【形态特征】一年生缠绕草本，全体疏被褐色长硬毛。具3小叶，长可达14cm；托叶卵状披针形，急尖。顶生小叶卵圆形或卵状披针形，长3.5~6cm，宽1.5~2.5cm，先端锐尖至钝圆，基部近圆形，全缘，两面均被绢状糙伏毛，侧生小叶斜卵状披针形。总状花序；花小，长约5mm；苞片披针形；花萼钟状，裂片5，三角状披针形；花冠淡红紫色或白色，旗瓣近圆形，先端微凹，翼瓣斜倒卵形，有明显的耳；花柱短而向一侧弯曲。荚果长圆形，稍弯，长17~23mm，宽4~5mm，干时易裂；种子2~3，椭圆形，稍扁，褐色至黑色。花期7~8月，果期8~10月。

【分布与生境】产于温州市各地。生于田边、园边、沟旁、河岸、湖边、沼泽、沿海和岛屿向阳的矮灌木丛中。

【保护价值】大豆育种的重要资源；可作牧草和绿肥；全草药用，有补气血、强体利尿、平肝敛汗等功效。

【致危因素】生境破坏；常被当杂草清除。

【保护措施】禁止采挖；加强生境保护。

188 海滨山黧豆 日本山黧豆
Lathyrus japonicus Willd.

豆科 Fabaceae　山黧豆属 *Lathyrus* L.

国家重点保护名录	浙江省重点保护名录	红色名录等级	CITES	IUCN
	列入			

【形态特征】多年生匍匐草本。根状茎极长，横走。茎长15~50cm，无毛。托叶箭形，长10~29mm，宽6~17mm，网脉明显突出；叶轴末端具卷须，单一或分枝；小叶3~5对，长椭圆形或长倒卵形，长25~33mm，宽11~18mm，基部宽楔形，两面无毛，网脉两面显著隆起。总状花序有花2~5朵；花萼钟状，无毛；花紫色，长21mm，旗瓣瓣片近圆形，翼瓣瓣片狭倒卵形，宽5mm，具耳，龙骨瓣长17mm，狭卵形，具耳，子房线形。荚果长约5cm，宽7~11mm，棕褐色或紫褐色，压扁。种子近球状。花期5~7月，果期7~8月。

【分布与生境】产于平阳、苍南等地。生于沿海沙地。

【保护价值】在世界范围内分布极广，在生物地理上具有研究价值。

【致危因素】生境特殊；种群数量少。

【保护措施】加强生境保护。

189 花榈木
Ormosia henryi Prain

豆科 Fabaceae　红豆属 *Ormosia* Jacks.

国家重点保护名录	浙江省重点保护名录	红色名录等级	CITES	IUCN
二级		易危（VU）		

【形态特征】常绿乔木，高16m，胸径可达40cm。树皮灰绿色，平滑，有浅裂纹。叶长13~35cm，具（3）5~7小叶；小叶革质，椭圆形或长圆状椭圆形，长4.3~17cm，先端钝或短尖，基部圆形或宽楔形，边缘微反卷，上面无毛，下面及叶柄均密生黄褐色茸毛，侧脉6~11对。小枝、花序、叶柄和叶轴密被锈褐色茸毛。荚果扁平，长椭圆形，长5~12cm，顶端有喙，果柄长5mm，果瓣革质，紫褐色，无毛，有横隔膜，具4~8（稀1~2）种子；种子椭圆形或卵圆形，长0.8~1.5cm，鲜红色，有光泽，种脐长约3mm。花期7~8月，果期10~11月。

【分布与生境】产于乐清、永嘉、洞头、瓯海、瑞安、文成、平阳、苍南、泰顺等地。生于山坡、溪谷边林中或林缘。

【保护价值】心材坚重、结构细致、花纹美丽，为优质用材；枝叶药用，具有活血化瘀、祛风消肿等功效；树形美丽，具有较高的观赏价值，适合作绿化树种。

【致危因素】过度采伐。

【保护措施】禁止采伐；加强生境保护。

190 龙须藤 相思藤
Phanera championii Benth.—*Bauhinia championii* (Benth.) Benth.

豆科 Leguminosae　火索藤属 *Phanera* Lour.

国家重点保护名录	浙江省重点保护名录	红色名录等级	CITES	IUCN
	列入			

【形态特征】常绿木质藤本。小枝、叶下面、花序被锈色短柔毛；卷须不分枝，单生或对生。叶片纸质或厚纸质，卵形、长卵形或卵状椭圆形，先端2裂达叶片的1/3或微裂，稀不裂，裂片先端渐尖，基部心形至圆形，掌状脉5~7条；叶柄纤细。总状花序与叶对生，或数个聚生于枝顶；花瓣白色，具瓣柄，外面中部疏被丝状毛；子房具短柄，有毛。荚果厚革质，椭圆状倒披针形或带状，扁平，无毛，有2~6粒种子。种子近圆形，直径约10mm，扁平。花期8~10月，果期10~12月。

【分布与生境】产于温州市丘陵和山区。生于海拔800m以下的沟谷、山坡岩石边、林缘或疏林中。

【保护价值】根和老藤供药用，有活血化瘀、祛风活络、镇静止痛的功效；叶形奇特、花序醒目，可作棚架、篱垣的藤蔓绿化材料。

【致危因素】人为采挖。

【保护措施】加强野生资源保护；减少人为采挖。

191

山绿豆 贼小豆
Vigna minima (Roxb.) Ohwi et H. Ohashi

豆科 Fabaceae 豇豆属 *Vigna* Savi

国家重点保护名录	浙江省重点保护名录	红色名录等级	CITES	IUCN
	列入			

【形态特征】一年生缠绕草本。茎纤细。具3小叶；托叶披针形，盾状着生，被疏硬毛；小叶卵形、卵状披针形、披针形或线形，长2.5~7cm，宽0.8~3cm，先端急尖或钝，基部圆形或宽楔形。总状花序柔弱；总花梗远长于叶柄，通常有花3~4朵；小苞片线形或线状披针形；花萼钟状，长约3mm，具不等大的5齿，裂齿被硬缘毛；花冠黄色，旗瓣极外弯，近圆形，长约1cm，宽约8mm；龙骨瓣具长而尖的耳。荚果圆柱形，长3.5~6.5cm，宽4mm，无毛，开裂后旋卷；种子4~8，长圆形，深灰色，种脐线形。花、果期8~10月。

【分布与生境】产于永嘉、洞头、苍南、泰顺等地。生于旷野、山坡和溪边草丛或灌丛中。

【保护价值】豆类育种重要的种质材料。

【致危因素】生境破坏；常被当作杂草清除。

【保护措施】加强生境保护。

192 野豇豆
Vigna vexillata (L.) A. Rich.

豆科 Fabaceae　豇豆属 *Vigna* Savi

国家重点保护名录	浙江省重点保护名录	红色名录等级	CITES	IUCN
	列入			

【形态特征】多年生攀缘或蔓生草本。根纺锤形。茎被开展的棕色刚毛，后变无毛。具3小叶；托叶卵形至卵状披针形，基部心形或耳状，被缘毛；小叶膜质，卵形至披针形，长4~15cm，宽2~2.5cm，通常全缘，两面被棕或灰色柔毛。近伞形花序腋生，2~4朵花；早落小苞片钻状；花萼常被刚毛，上方2枚基部合生；旗瓣黄、粉红或紫色，有时基部内面具斑点，翼瓣紫色，龙骨瓣白或淡紫，镰状，左侧具明显的袋状附属物。荚果直立，线状圆柱形，被刚毛；种子10~18颗，浅黄至黑色，有时具斑点，长圆形或肾形。花期7~9月。

【分布与生境】产于乐清、永嘉、洞头、瑞安、文成、平阳、苍南、泰顺等地。生于旷野、灌草丛或疏林中。

【保护价值】豆类育种重要的种质材料；根或全株可药用，有清热解毒、消肿止痛、利咽润喉等功效。

【致危因素】生境破坏；常被当作杂草清除。

【保护措施】加强生境保护。

193 迎春樱桃

Prunus discoidea (T. T. Yu et C. L. Li) Z. Wei et Y. B. Chang—*Cerasus discoidea* T. T. Yu et C. L. Li

蔷薇科 Rosaceae　李属 *Prunus* L.

国家重点保护名录	浙江省重点保护名录	红色名录等级	CITES	IUCN
		近危（NT）		

【形态特征】落叶小乔木。叶片倒卵状长圆形或长椭圆形，长4~8cm，宽1.5~3.5cm，先端急缩成尾尖，基部楔形，叶缘具缺刻状锐尖锯齿，齿端具小盘状腺体，上面伏生疏柔毛，下面被疏柔毛，侧脉8~10对；叶柄长5~7mm，顶端具1~3腺体；托叶狭条形。花先于叶开放；伞形花序具2花；苞片绿色，近圆形；被丝托钟状管形；萼片长圆形，反折；花瓣粉红色，长椭圆形，先端2浅裂；雄蕊32~40；子房无毛，花柱无毛，稍长于雄蕊。核果椭圆球形，红色；核表面略有棱纹。花期3~4月，果期4~5月。

【分布与生境】产于瑞安、泰顺。生于海拔900m以下的路边、沟边、林中或林缘。

【保护价值】该种是浙江省樱属早春最早开花的种之一，是樱属育种的优良材料。

【致危因素】具有一定数量，但由于次生林上层乔木竞争易导致生境变化。

【保护措施】加强原生境保护；减少人为干扰。

194 两色冻绿

Frangula crenata Sieb. var. *discolor* (Rehder) H. Yu, H. G. Ye et N. H. Xia—*Rhamnus crenata* Siebold et Zucc. var. *discolor* Rehder.

鼠李科 Rhamnaceae　裸芽鼠李属 *Frangula* Mill.

国家重点保护名录	浙江省重点保护名录	红色名录等级	CITES	IUCN
		近危（NT）		

【形态特征】灌木或小乔木，高达7m。幼枝带红色，被毛，枝端有密被锈色柔毛的裸芽。叶互生，长椭圆形，先端长尖，基部楔形，缘具圆细锯齿，上面无毛，下面密被灰白色长柔毛，侧脉7~12；叶柄4~10mm，托叶线性，密被柔毛。腋生聚伞花序，花序梗长4~15mm，被毛；花两性，5基数；萼片与萼筒等长，外被疏毛；花瓣近圆形；雄蕊与花瓣等长而短于萼片；子房球形，无毛，3室。花柱不分裂。核果球形，成熟时紫黑色，具3粒分核，各具1粒种子，种子无沟。花期5~8月，果期8~10月。

【分布与生境】产于乐清等地。生于海拔400m的山坡林缘或灌木丛中。

【保护价值】植株秀丽，适合作园林植物。

【致危因素】分布区较狭窄。

【保护措施】开展人工保育研究。

195 大叶榉 榉树
Zelkova schneideriana Hand.-Mazz.

榆科 Ulmaceae　榉属 *Zelkova* Spach

国家重点保护名录	浙江省重点保护名录	红色名录等级	CITES	IUCN
二级		近危（NT）		

【形态特征】落叶乔木，高达30m。树皮呈不规则的片状剥落。一年生枝密被灰色柔毛，冬芽常2个并生。叶互生；叶片厚纸质，卵状椭圆形至卵状披针形，长3.6~12.2cm，宽1.3~4.7cm，先端渐尖，基部宽楔形或圆形，边缘具桃形锯齿，上面粗糙，下面密被淡灰色柔毛；叶柄长1~4cm，密被毛。雄花1~3朵簇生于叶腋，雌花或两性花常单生于叶腋。坚果斜卵状球形，直径2.5~4mm，上面偏斜，凹陷，有网肋。花期3~4月，果期9~11月。

【分布与生境】产于乐清、永嘉、文成、泰顺。生于海拔500m以下光照充足的山谷、山坡阔叶林中。

【保护价值】树干通直，枝细叶美，秋季叶色红艳，为秋色叶树种，可用于园林观赏；木材纹理细致，强韧坚重，耐水湿，为制造船舶、建筑、家具的上等用材。

【致危因素】人为砍伐；原生境破坏。

【保护措施】加强原生境母树保护；禁止采伐；进行人工栽培，开发其观赏和材用价值。

196 浙江雪胆
Hemsleya zhejiangensis C. Z. Zheng

葫芦科 Cucurbitaceae　雪胆属 *Hemsleya* Cogn. ex F. B. Forbes et Hemsl.

国家重点保护名录	浙江省重点保护名录	红色名录等级	CITES	IUCN
	列入	近危（NT）		

【形态特征】多年生攀缘草本。块茎膨大，扁球形。茎和小枝细弱，卷须先端二歧。鸟足状复叶，具4~9小叶；小叶片椭圆状披针形，中央小叶片长6~11cm，宽2~3.5cm，两侧渐小，边缘疏锯齿状。雌雄异株。雄花：组成聚伞圆锥花序，花序轴曲折，花冠浅黄色，扁球形，直径0.8~1cm；雌花：组成稀疏聚伞总状花序，花冠淡黄色，直径约1.5cm。果实长棒形，长11~17cm，直径2~2.5cm，具10条纵纹。种子暗棕色，长圆形，周生厚木栓质翅，密布皱褶。花期5~9月，果期8~11月。

【分布与生境】产于泰顺，模式标本采自泰顺。生于海拔200~1000m的山谷灌丛中和竹林下。

【保护价值】块茎可入药，对多种杆菌有抑制作用，有解热解毒、健胃止痛的功效。

【致危因素】分布区狭窄，点状分布；人为过度采挖；原生境破坏。

【保护措施】加强原生境种群保护；禁止人为采挖；进行人工繁育和野外回归，增加其野外分布点和分布数量。

197 小花栝楼 湘桂栝楼

Trichosanthes hylonoma Hand. - Mazz.—*T. parviflora* C. Y. Wu ex S. K. Chen

葫芦科 Cucurbitaceae 栝楼属 *Trichosanthes* L.

国家重点保护名录	浙江省重点保护名录	红色名录等级	CITES	IUCN
		易危（VU）		

【形态特征】多年生草质藤本。茎细弱；卷须2歧。叶片宽卵状心形，长4~5cm，宽4.5~6cm，先端渐尖，基部心形，3浅裂至中裂，边缘具短尖头状细齿，上面疏被长柔毛，下面无毛。雄花：单生。雌花：单生；花萼圆筒状，长7mm；花冠裂片5，倒卵形，长约4mm；子房椭球形。果成熟时呈黄色，长椭球形，长6.5~10cm，直径2.5~4cm，基部呈柄状渐狭或急收缩，先端具长喙，果瓤黄色。种子卵圆形，不对称，压扁状，长11~12mm，宽约8mm，褐色。花期7月，果期10月。

【分布与生境】产于文成、泰顺。生于山坡路边、溪沟边。

【保护价值】果形奇特，具有一定的观赏价值。

【致危因素】分布区狭窄；原生境破坏。

【保护措施】加强原生境保护；减少人为干扰。

198 美丽秋海棠
Begonia algaia L. B. Sm. et Wassh.

秋海棠科 Begoniaceae　秋海棠属 *Begonia* L.

国家重点保护名录	浙江省重点保护名录	红色名录等级	CITES	IUCN
	列入	近危（NT）		

【形态特征】多年生草本，高30~40cm。根状茎横走，长4~11cm。叶数片，自根状茎生出；叶片近圆形，直径15~25cm，宽9~21cm，掌状深裂达1/2，裂片7~8，再浅裂，裂片和小裂片先端尾尖，边缘具不整齐的芒状细齿，叶片基部深心形而对称，上面深绿色，下面淡绿色，脉上紫红色，两面疏生短糙毛；叶柄长20~35cm。聚伞花序具2~4花；雌花序在上，具长5~7cm的花序梗，花被片5；雄花较雌花小，花被片4。蒴果被棕褐色柔毛，具3翅，其中1翅较大，长圆状三角形。花期8~9月，果期10~11月。

【分布与生境】产于泰顺。生于海拔320~800m的沟谷溪边林下阴湿处、石壁上。

【保护价值】叶色柔媚，花色艳丽，可作阴生花境或盆栽观赏。

【致危因素】分布区狭窄；人为采挖；原生境破坏。

【保护措施】加强原生境保护；减少人为干扰。

199 槭叶秋海棠
Begonia digyna Irmsch.

秋海棠科 Begoniaceae   秋海棠属 *Begonia* L.

国家重点保护名录	浙江省重点保护名录	红色名录等级	CITES	IUCN
	列入			

【形态特征】多年生草本，高30~40cm。根状茎横走；地上茎直立，具2~3节，被棕褐色柔毛。叶有基生叶和茎生叶之分；茎生叶数片，互生，叶片卵圆形，长7~22cm，宽5~15cm，浅裂达1/3处，裂片6~8枚；叶柄长5~12cm，基生叶的叶柄长可达25cm，被棕褐色柔毛。聚伞花序生于茎上部叶腋，具2~4花；雌花序具长3~7cm的花序梗，雄花序具长1~1.5cm的花序梗；花淡红色；雄花被片4，雌花被片5。蒴果无毛或几无毛，具3翅，其中1翅较大，长圆状三角形。花期7~8月，果期8~9月。

【分布与生境】产于泰顺。生于海拔260~470m的沟边林下阴湿处或沟谷阴湿石壁上。

【保护价值】叶形奇特，花色艳丽，可作花境或盆栽。

【致危因素】分布区狭窄；人为采挖；原生境破坏。

【保护措施】加强原生境保护；减少人为干扰。

200 紫背天葵
Begonia fimbristipula Hance

秋海棠科 Begoniaceae　秋海棠属 *Begonia* L.

国家重点保护名录	浙江省重点保护名录	红色名录等级	CITES	IUCN
	列入			

【形态特征】多年生草本，高5~20cm。块茎球形，直径7~8mm；无地上茎。基生叶通常1枚；叶片圆心形或卵状心形，长2.5~10cm，宽2~8cm，先端急尖或短渐尖，基部心形，边缘具不整齐的三角形重锯齿，两面脉上伏生短粗毛，下面紫色；叶柄长2~6cm。聚伞花序近基出，花序梗长3~15cm，具2~4花；花粉红色；雄花花被片4；雌花花被片3。蒴果长约1cm，具3翅，其中1翅较大，长圆状三角形。花期6~8月，果期7~9月。

【分布与生境】产于平阳、泰顺。生于山地林下阴湿石壁上。

【保护价值】叶形奇特，叶背呈紫色，花色艳丽，可作盆栽。

【致危因素】分布区狭窄；人为采挖；原生境破坏。

【保护措施】加强原生境保护；禁止人为采挖。

201 秋海棠
Begonia grandis Dryand.

秋海棠科 Begoniaceae　秋海棠属 *Begonia* L.

国家重点保护名录	浙江省重点保护名录	红色名录等级	CITES	IUCN
	列入			

【形态特征】多年生草本，高0.6~1m。具球形块茎。茎直立，多分枝，无毛。叶互生，腋间常生珠芽；叶片宽卵形，常8~25cm，宽6~20cm，先端短渐尖，基部偏心形，边缘尖波状，具细尖齿，上面绿色，下面叶脉及叶柄均带紫色；叶柄长5~15cm。伞状花序生于上部叶腋，具多花；花淡红色；雄花直径2.5~3cm，花被片4，外轮2枚较大，雄蕊多数，花丝下半部合生成长约3mm的雄蕊柱；雌花稍小，花被片5或较少。蒴果长1.5~3cm，具3翅，其中1翅较大，椭圆状三角形。花期8~9月，果期9~10月。

【分布与生境】产于乐清、洞头、文成、泰顺。生于海拔100~1100m的山地沟谷、溪边密林石上、潮湿石壁上。

【保护价值】叶形奇特，花色艳丽，可作花镜或盆栽；块茎可入药，有活血化瘀、清热解毒的功效。

【致危因素】分布区狭窄；人为采挖；原生境破坏。

【保护措施】加强原生境保护；减少人为采挖；进行人工栽培，开发其观赏和药用价值。

202 中华秋海棠

Begonia grandis Dryand. subsp. *sinensis* (A. DC.) Irmsch.

秋海棠科 Begoniaceae　秋海棠属 *Begonia* L.

国家重点保护名录	浙江省重点保护名录	红色名录等级	CITES	IUCN
	列入			

【形态特征】与秋海棠的区别是其茎较柔弱，几不分枝；叶片较小，薄纸质，边缘具重锯尖齿；花序较短，花较小，雄蕊柱长约1mm。花期8~9月，果期9~10月。

【分布与生境】产于乐清、洞头、文成、泰顺。生于海拔100~1100m的山地沟谷、溪边密林石上、潮湿石壁上。

【保护价值】同秋海棠。

【致危因素】同秋海棠。

【保护措施】同秋海棠。

203 台湾水青冈 巴山水青冈
Fagus hayatae Palib. ex Hayata

壳斗科 Fagaceae　水青冈属 *Fagus* L.

国家重点保护名录	浙江省重点保护名录	红色名录等级	CITES	IUCN
二级				

【形态特征】落叶乔木，高达20m。树皮灰褐色，不裂。叶互生；叶片纸质，菱形或卵状椭圆形，长3~7cm，宽2~3.5cm，先端短渐尖，基部宽楔形，边缘具锯齿，叶两面被脱落性伏贴的长柔毛；侧脉5~10对，直达齿端，脉腋有簇毛；叶柄长0.7~1.3cm。雄花组成下垂的头状花序；雌花常成对生于叶腋具梗的总苞内。壳斗卵形，4裂；苞片锥形，反卷；每一壳斗内有2坚果；坚果卵状三角形。花期4~5月，果期8~10月。

【分布与生境】产于永嘉、泰顺。生于海拔850~1000m的山坡、谷地林中。

【保护价值】木材淡红褐色，纹理直，结构细，可供材用；种子可榨油。

【致危因素】分布区狭窄；种子繁殖能力弱；人为砍伐；原生境破坏。

【保护措施】加强原生境母树保护；禁止采伐；进行人工繁育和野外回归，增加其野外分布。

204 卷斗青冈 毛果青冈

Quercus pachyloma Seemen—*Cyclobalanopsis pachyloma* (Seemen) Schottky

壳斗科 Fagaceae 栎属 *Quercus* L.

国家重点保护名录	浙江省重点保护名录	红色名录等级	CITES	IUCN
	列入			

【形态特征】常绿乔木，高6~15m。幼枝、幼叶被脱落性黄色卷曲星状茸毛。叶片倒卵状椭圆形、倒卵状披针形至长圆形，长7~14cm，宽2~5cm，先端渐尖或尾尖，基部楔形，叶缘中部以上有疏锯齿，侧脉8~11对；叶柄长1.5~2cm。壳斗（1）2~3个聚生，钟状，包被坚果1/2~2/3，密被黄褐色茸毛，直径1.5~3cm，高2~3cm；苞片合生成7~8条同心环带，环带全缘。坚果长椭球形至倒卵形，直径1.2~1.6cm，幼时密生黄褐色茸毛，老时渐脱落，顶端圆，柱座凸起，果脐微凸起，直径5~7mm。花期3月，果期10~12月。

【分布与生境】产于平阳、苍南、泰顺。生于海拔500m以下的湿润山坡、沟谷阔叶林中。

【保护价值】树干通直，可材用；树形优美，叶色浓绿，果实奇特，可作绿化树种；种子颗粒大，富含淀粉，可提炼淀粉食用。

【致危因素】分布区狭窄；人为砍伐；原生境破坏。

【保护措施】加强原生境保护；减少人为砍伐；进行人工栽培开发其观赏和食用价值。

205 刺叶栎 刺叶高山栎

Quercus spinosa David

壳斗科 Fagaceae　栎属 *Quercus* L.

国家重点保护名录	浙江省重点保护名录	红色名录等级	CITES	IUCN
	列入			

【形态特征】常绿小乔木或灌木，高3~8m。叶在枝端或近枝端集生；叶片革质，倒卵形或椭圆形，长2.5~7cm，宽1.5~4cm，先端圆钝，基部圆形或心形，叶缘有硬刺状锯齿或全缘，幼叶两面被腺状单毛和星状毛，后仅叶背中脉下段被灰黄色星状毛，叶上面因侧脉凹陷而呈皱褶状，中脉中部以上"之"字形曲折，侧脉4~8对；叶柄长2~3mm。壳斗杯状，包被坚果1/4~1/3，直径1~1.5cm，高6~9mm；苞片三角形，长1~1.5mm，排列紧密；坚果卵球形至椭球形，直径1~1.3cm，高1.6~2cm。花期5~6月，果期翌年9~10月。

【分布与生境】产于永嘉。生于海拔900~1100m的山坡、沟谷林中。

【保护价值】是栎属系统发育研究的重要材料。

【致危因素】分布区狭窄；原生境破坏。

【保护措施】加强原生境保护；减少人为干扰。

206 华西枫杨 瓦山水胡桃

Pterocarya macroptera Batalin var. *insignis* (Rehd. et E. H. Wils.) W. E. Manning

胡桃科 Juglandaceae　枫杨属 *Pterocarya* Kunth

国家重点保护名录	浙江省重点保护名录	红色名录等级	CITES	IUCN
	列入			

【形态特征】落叶乔木。奇数羽状复叶，长30~45cm，小叶7~13；侧生小叶片卵形至长椭圆形，长10~20cm，宽4~5cm，先端渐尖至长渐尖，基部圆形，歪斜，边缘有细锯齿，侧脉15~23对，上面中脉密被绒毛，下面被黄褐色腺鳞；顶生小叶片宽圆形至卵状长椭圆形；顶生小叶柄长约1cm，侧生小叶柄长1~2mm，叶轴无翅。雄花序生于新枝上；雌花序轴被稀疏星状毛及单柔毛。果实坚果状，直径约8mm，果翅宽椭圆形、卵状圆形或斜方形，长与宽近相。花期5月，果期8~9月。

【分布与生境】产于泰顺。生于海拔1 000~1500m的沟谷或山坡阔叶林中。

【保护价值】为材用树种；树皮、枝皮可代麻搓绳；叶和树皮可供制农药。

【致危因素】分布区狭窄；人为采伐。

【保护措施】加强原生境保护；禁止采伐；进行人工繁育和野外回归，增加其野外分布。

207 桃金娘
Rhodomyrtus tomentosa (Ait.) Hassk.

桃金娘科 Myrtaceae　桃金娘属 *Rhodomyrtus*（DC.）Rchb.

国家重点保护名录	浙江省重点保护名录	红色名录等级	CITES	IUCN
	列入			

【形态特征】灌木，高1~1.5m。幼枝密被柔毛。叶对生，近革质，椭圆形或倒卵形，长2.5~6cm，宽1~3.5cm，先端钝，基部宽楔形，上面初时有毛，后无毛，下面被灰色短绒毛，离基三出脉，网脉明显；叶柄长4~7mm。花单生，粉红色，直径2~3cm，萼筒钟状，长5~6mm，圆形宿存萼齿5；花瓣倒卵形，长约1~1.5cm，萼筒、萼齿、花瓣均被灰色短绒毛；雄蕊红色，长6~7mm；子房3室，花柱长1cm。浆果卵球形，直径1~1.4cm，成熟时暗紫色，每室有种子2列。花期4~5月，果期8~9月。

【分布与生境】产于洞头、龙湾、平阳等地。生于向阳的山坡灌丛中，为酸性土指示植物。

【保护价值】根叶可入药，具有祛风活络、收敛止泻之功效；果可食，具有补血、滋养之功效；花美丽，可供观赏。

【致危因素】温州为该种的分布北缘，居群和个体均较少；过度采挖。

【保护措施】加强生境保护；禁止采挖；开展人工保育研究。

208 福建紫薇
Lagerstroemia limii Merr.

千屈菜科 Lythraceae　紫薇属 *Lagerstroemia* L.

国家重点保护名录	浙江省重点保护名录	红色名录等级	CITES	IUCN
		近危（NT）		

【形态特征】灌木或小乔木；树皮细浅纵裂，粗糙。小枝圆柱形。叶互生或近对生，叶片质较厚，长圆形或长圆状卵形，长6~20cm，宽3~8cm。花淡红紫色，直径约1.5~2cm，组成顶生圆锥花序；苞片长圆状披针形，萼筒直径约6mm，有12条明显的棱，外面密被柔毛，棱上尤甚，5~6裂，裂片长圆状披针形或三角形，裂片间具明显发达的附属体，附属体肾形；花瓣6；雄蕊约30~40，着生花萼上。蒴果卵圆形，长8~12mm，光亮，有浅槽纹，4~5裂片。种子连翅长8mm。花期6~9月，果期8~11月。

【分布与生境】产于乐清、永嘉、洞头、瑞安、文成、平阳、泰顺等地。生于溪边和山坡灌木丛中。

【保护价值】花较美丽，可作观赏植物。

【致危因素】过度采挖。

【保护措施】加强保护；禁止采挖；开展人工保育研究。

209 膀胱果

Staphylea holocarpa Hemsl.

省沽油科 Staphyleaceae　省沽油属 *Staphylea* L.

国家重点保护名录	浙江省重点保护名录	红色名录等级	CITES	IUCN
	列入			

【形态特征】灌木或小乔木。小枝平价，无毛。复叶有3小叶，小叶片近革质，椭圆形至长椭圆形，长5~12cm，宽2.5~5.5cm，先端急尖至渐尖，基部宽楔形或近侧形，边缘有细锯齿。花序顶生于当年生通常具有1对叶的短小枝上，长约7cm，具总花梗，花通常粉红色；萼片长约1cm，花瓣比萼片稍长；雄蕊与花瓣近等长，子房有毛。蒴果膀胱状，椭圆形或梨形，3室，长3~6cm，顶端3裂，基部不下延成果颈；种子近椭圆形，灰褐色，有光泽。花期4~5月，果期6~8月。

【分布与生境】《泰顺县维管束植物名录》有记载，但未见标本。

【保护价值】花美丽，果奇特，具有观赏价值。

210 金豆 金橘
Fortunella venosa (Champ.ex Hook.) C. C. Huang

芸香科 Rutaceae   金橘属 *Fortunella* Swingle

国家重点保护名录	浙江省重点保护名录	红色名录等级	CITES	IUCN
二级		易危（VU）		

【形态特征】常绿矮小灌木，高约1m；刺细短，绿色，长通常1cm以内，稀达2cm，生于叶腋间。嫩枝绿色，有棱，稍扁。单叶互生；叶片稍薄，椭圆形，长2~4.5cm，宽1.1~2cm，先端钝或急尖，微凹头，基部楔形，近全缘或有不甚明显浅钝锯齿；叶柄长1~2（~4）mm，无翅。花单生或2~3朵腋生；花萼绿色，萼片5枚，卵状三角形，长约1mm。果实橙红色，近圆球形，长6~12mm，直径5~11mm；果梗极短，长不及2mm，或近无梗；种子歪卵形，青灰色，长5~7mm，光滑。花期4~5月，果期11月至翌年1月。

【分布与生境】产于温州市各地。生于山坡林下、林缘或裸岩旁。

【保护价值】可作为柑橘育种的种质材料；具有较高的观赏价值，常用作盆景；果皮可做调料；根及果实入药，具有行气宽中、止咳化痰之功效。

【致危因素】通常作为盆景而过度采挖。

【保护措施】禁止采挖。

211 阔叶槭

Acer amplum Rehd.

无患子科 Sapindaceae　槭属 *Acer* L.

国家重点保护名录	浙江省重点保护名录	红色名录等级	CITES	IUCN
		近危（NT）		

【形态特征】落叶乔木。多年生枝具黄色皮孔。叶片纸质，长9~16cm，宽10~18cm，基部近于心形或截形，常5裂，稀3裂或不分裂，裂片先端锐尖，裂片中间的凹缺钝形或钝尖，除各裂片的中脉与侧脉间的脉腋有黄色丛毛外，其余均无毛；叶柄长6~10cm，无毛或嫩时近顶端部稍有短柔毛，具乳汁。伞房花序顶生，无毛，总花梗很短，仅长2~4mm，有时缺；花杂性；花梗细瘦，无毛；萼片5；花瓣5，白色；雄蕊8；子房有腺体。翅果长3.5~4.5cm，幼时紫色，成熟后黄褐色，小坚果压扁状，两翅张开呈钝角。花期4月，果期9~11月。

【分布与生境】产于永嘉、泰顺等地。生于溪边路旁、山谷或山坡林中。

【保护价值】秋色叶植物，可用于观赏绿化。

【致危因素】分布区较狭窄。

【保护措施】加强生境保护。

212 稀花槭
Acer pauciflorum W. P. Fang

无患子科 Sapindaceae　槭属 *Acer* L.

国家重点保护名录	浙江省重点保护名录	红色名录等级	CITES	IUCN
		易危（VU）		近危（NT）

【形态特征】落叶灌木或小乔木。小枝纤细，当年生枝密被柔毛或脱落性柔毛。叶片膜质，近圆形，直径3~4cm，基部心形或近于心形，5裂，裂片长圆状卵形或长圆状椭圆形，先端钝尖，边缘具锐尖的重锯齿或单锯齿，下面披平伏长柔毛或须毛，叶柄长1~2.3cm，被柔毛。伞房果序顶生，仅有少数翅果，总花梗长5~10mm，被长柔毛或最后无毛。翅果长约1.5cm，幼时淡紫色，成熟后淡黄褐色，小坚果凸起，近于球形或椭圆形，被稀疏的长柔毛或最后无毛，两翅张开呈直角或钝角。花期4~5月，果期9月。

【分布与生境】产于乐清、永嘉、瓯海、瑞安、泰顺等地。生于山坡林下或林缘。

【保护价值】秋色叶植物，可用于观赏绿化或作为盆景。

【致危因素】分布区较狭窄。

【保护措施】加强生境保护。

213 天目槭

Acer sinopurpurascens W. C. Cheng

无患子科 Sapindaceae　槭属 *Acer* L.

国家重点保护名录	浙江省重点保护名录	红色名录等级	CITES	IUCN
	列入			

【形态特征】落叶乔木。叶片纸质，近圆形，长5~9cm，宽8~10cm，基部心形或近于心形，5裂或3裂；中裂片长圆状卵形，先端锐尖；侧生的裂片三角状卵形，具很稀疏的锯齿或全缘；基部的裂片较小，钝尖形；各裂片边缘具很稀疏的几个钝锯齿，稀全缘呈波状；叶柄长2~8cm，嫩时被短柔毛，老时近于无毛。花序侧生于去年生小枝上；花单性，雌雄异株，先叶开放。翅果长3~3.5cm，具特别隆起之脊，脉纹显著，有短柔毛，两翅张开呈锐角至近于直角，果梗长8~10mm。花期4月，果期10月。

【分布与生境】产于泰顺等地。生于东南向山坡、溪边较湿润的林中。

【保护价值】秋色叶植物，可用于观赏绿化。

【致危因素】分布区较狭窄。

【保护措施】加强生境保护。

214 瘿椒树
Tapiscia sinensis Oliv.

瘿椒树科 Tapisciaceae　瘿椒树属 *Tapiscia* Oliv.

国家重点保护名录	浙江省重点保护名录	红色名录等级	CITES	IUCN
				易危（VU）

【形态特征】乔木，高达15m。树皮灰褐色或灰白色。叶长16~30cm；小叶5~9，卵形至长圆状卵形，长5~13cm，宽3~6.5cm，先端急尖或渐尖，基部圆形或近心形，边缘具粗锯齿，上面绿色，下面粉绿色，密被近乳头状白粉点，沿脉有疏柔毛，脉腋有柔毛。花两性花花序长约10cm，花小，长约2mm，黄色，有香气，花萼钟状，长约1mm；花瓣倒卵形，长于花萼，雄蕊与花瓣互生，伸出花外，花柱长过雄蕊，雄花序长达25cm，花与两性花相似，但较小而具退化雌蕊。果近球形，直径5~6mm。花期6~7月，果期翌年9~10月。

【分布与生境】产于永嘉、文成、泰顺等地。生于山谷坡地林中。

【保护价值】树形秀丽，花美，可作为观赏和绿化树种。

【致危因素】分布区较狭窄。

【保护措施】加强生境保护；开展人工保育研究。

215 翻白叶树

Pterospermum heterophyllum Hance

锦葵科 Malvaceae　翅子树属 *Pterospermum* Schreb.

国家重点保护名录	浙江省重点保护名录	红色名录等级	CITES	IUCN
		近危（NT）		

【形态特征】乔木。单叶，互生；叶二型；幼树或萌蘖枝上的叶片盾形，直径约15cm，掌状3~5裂，基部截形，具长叶柄；成年树的叶片长圆形，长7~15cm，宽3~10cm，先端钝、急尖或渐尖，基部截形或斜心形；叶柄长1~2cm，被毛。花单生或2~4朵组成腋生聚伞花序；萼片5，长达28mm，被柔毛；花瓣5，绿白色，与萼片长；雄蕊15，每3枚集合成1组，退化雄蕊5；子房被长柔毛。蒴果木质，椭圆状卵形，长约6cm，被黄褐色绒毛。种子具膜质翅。花期7~9月，果期8~11月。

【分布与生境】产于泰顺。生于海拔约200m的溪边。

【保护价值】根可入药，治疗风湿性关节炎。

【致危因素】分布区狭窄；人为过度采挖；原生境破坏。

【保护措施】加强原生境母树保护；禁止人为采挖。

216 密花梭罗
Reevesia pycnantha Y. Ling

锦葵科 Malvaceae 梭罗树属 *Reevesia* Lindl.

国家重点保护名录	浙江省重点保护名录	红色名录等级	CITES	IUCN
	列入	易危（VU）		

【形态特征】落叶乔木。单性，互生。叶片纸质，长椭圆形至卵状长圆形，长8~13cm，宽2.5~5cm，先端急尖或渐尖，基部圆形或微心形，全缘，两面无毛或幼时在主脉基部疏生短柔毛，侧脉6或7对；叶柄长1.5~4cm。聚伞状圆锥花序，花密生；花萼倒圆锥状钟形，5裂，外被短柔毛；花瓣5，浅黄色，长匙形，长约7mm；雌雄蕊柄长约10mm，子房有短柔毛。蒴果椭球状梨形，长1.5~2cm，顶端截形，密被黄褐色短柔毛。种子连翅长1.6cm，翅膜质。花期5~7月，果期10~11月。

【分布与生境】产于文成。生于海拔500~600m的阔叶林中。

【保护价值】树皮富含纤维，可制绳索、造纸。

【致危因素】分布区狭窄；人为采剥；原生境破坏。

【保护措施】加强原生境母树保护；禁止人为采剥；进行人工繁育和野外回归，增加其野外分布数量和密度。

217 树头菜 鱼木
Crateva unilocularis Buch.-Ham.

白花菜科 Capparidaceae 鱼木属 *Crateva* L.

国家重点保护名录	浙江省重点保护名录	红色名录等级	CITES	IUCN
		近危（NT）		

【形态特征】乔木，花时有叶。小叶薄革质，上面略有光泽，下面苍灰色，侧生小叶偏斜，长5~18cm，宽2.5~8cm，中脉带红色，侧脉5~10对，网状脉明显；托叶细小，早落；叶柄长3.5~12cm，顶端具腺体，小叶柄长5~10mm。总状或伞房花序着生于小枝顶部，具10~40花；萼片卵状披针形；花瓣白色或黄色；雄蕊多数；雌蕊柄长，柱头头状，近无柄，在雄花中雌蕊不育且近无柄。果球形，表面粗糙，具小斑点。种子多数，暗褐色，种皮平滑。花期3~5月，果期7~8月。

【分布与生境】产于洞头、瑞安、平阳、苍南。生于沿海及岛屿的山坡灌丛中。

【保护价值】嫩叶可食；木材可供做纹盘、乐器、模型或细工之用；果含生物碱；果皮供提制染料；叶为健胃剂。

【致危因素】分布区狭窄；人为砍伐。

【保护措施】加强原生境母树保护；禁止人为砍伐；进行人工栽培，开发其食用、药用、材用等价值。

218 武功山阴山荠 武功山泡果荠

Yinshania hui (O. E. Schulz) Y. H. Zhang et H. W. Li

十字花科 Brassicaceae　阴山荠属 *Yinshania* Y. C. Ma et Y. Z. Zhao

国家重点保护名录	浙江省重点保护名录	红色名录等级	CITES	IUCN
		易危（VU）		

【形态特征】一年生细小柔弱草本，全株无毛。茎直立或匍匐弯曲，具分枝。基生叶为具1~2对小叶的复叶，或为具1侧生小叶的单叶；叶片膜质；顶生小叶片卵形或近心形，侧生小叶片较小，歪卵形；中部茎生叶为三出复叶；最上部叶为单叶，叶片歪卵形，具极短叶柄；所有小叶片均先端微缺，边缘具波状弯曲钝齿。总状花序顶生，具花6~10朵；花瓣淡紫红色，倒卵状楔形。短角果椭圆形，密被小泡状凸起。花期4~5月，果期5~6月。

【分布与生境】产于文成、泰顺。生于海拔300~800m的山坡石缝间。

【保护价值】研究十字花科系统发育的重要材料。

【致危因素】分布区狭窄；原生境破坏。

【保护措施】加强原生境保护；减少人为干扰。

219 金荞麦 野荞麦
Fagopyrum dibotrys (D. Don) H. Hara

蓼科 Polygonaceae　荞麦属 *Fagopyrum* Mill.

国家重点保护名录	浙江省重点保护名录	红色名录等级	CITES	IUCN
二级				

【形态特征】多年生草本，高 50~100cm。块根结节状，坚硬。茎直立中空，分枝，具纵棱。叶互生；叶片三角形，长 4~12cm，宽 4~10cm，顶端渐尖，基部近戟形，边缘全缘，两面具乳头状凸起或被柔毛；托叶鞘筒状。花序伞房状，顶生或腋生；苞片卵状披针形，每一苞内具 2~4 花，花梗中部具关节；花被 5 深裂，白色，花被片长椭圆形；雄蕊 8，花柱 3。瘦果宽卵形，具 3 锐棱，长 6~8mm，黑褐色。花期 7~9 月，果期 8~10 月。

【分布与生境】产于本市各地。生于山坡荒地上、旷野路边及水沟边。

【保护价值】块根可入药，具有清热解毒、调经止痛的功效。

【致危因素】人为采挖。

【保护措施】加强原生境保护；禁止人为采挖；进行人工栽培，开发其药用价值。

220 孩儿参 太子参
Pseudostellaria heterophylla (Miq.) Pax

石竹科 Caryophyllaceae 孩儿参属 *Pseudostellaria* Pax

国家重点保护名录	浙江省重点保护名录	红色名录等级	CITES	IUCN
	列入			

【形态特征】多年生草本，15~30cm。块根纺锤形。茎通常单生，直立，近四方形，基部带紫色，上部绿色。茎中下部的叶片对生，狭长披针形；茎顶端常4叶对生，呈十字形排列；叶片卵状披针形至长卵形，长3~6cm，宽1~3cm，先端渐尖，基部宽楔形。花两型，腋生；茎下部的花较小，萼片4，通常无花瓣；茎顶部的花较大，萼片5，花瓣5，白色，倒卵形，基部具极短的瓣柄。蒴果卵球形；种子圆肾形，黑褐色，表面生疣状突起。花期4~5月，果期5~6月。

【分布与生境】产于永嘉、苍南、泰顺。生于海拔500~1 500m的阴湿山坡上、林下及石隙中。

【保护价值】块根可入药，有补气益血、生津、补脾胃的功效。

【致危因素】分布区狭窄；人为采挖；原生境破坏。

【保护措施】加强原生境保护；禁止人为采挖；进行人工栽培，开发其药用价值。

221 蛛网萼 盾儿花

Platycrater arguta Siebold et Zucc.

绣球花科 Hydrangeaceae　蛛网萼属 *Platycrater* Siebold et Zucc.

国家重点保护名录	浙江省重点保护名录	红色名录等级	CITES	IUCN
二级				

【形态特征】落叶灌木，高达1.5m。茎直立或下部平卧。树皮薄片状脱落。叶片膜质至纸质，长圆形、狭椭圆形至椭圆状披针形，先端尾状渐尖，基部楔形，边缘具疏锯齿，上面散生短伏毛，下面沿脉常有疏毛；叶柄长1~5cm，近无毛。伞房花序6~10朵花；不育花少数，萼片膜质，半透明，绿黄色，盾状，直径1.5~3cm，3~4钝圆形浅裂，具小突尖，有密集网状突脉；可育花萼片三角形，先端渐尖；子房近陀螺形。蒴果倒卵形，干时常带紫红色，顶端孔裂。花期4~6月，果期6~11月。

【分布与生境】产于乐清、永嘉、泰顺。生于海拔300~700m的山地林下、溪沟边岩石上阴湿处。

【保护价值】花形奇特，洁白、美丽，可用于园林涧边阴湿地美化。

【致危因素】分布区狭窄；零星分布；种群间相对隔离，基因交流困难。

【保护措施】加强原生境保护；减少人为干扰；在适宜生境进行野外回归，增加其分布点和种群密度。

222 黄岩凤仙花
Impatiens huangyanensis X. F. Jin et B. Y. Ding

凤仙花科 Balsaminaceae　凤仙花属 *Impatiens* Riv. ex L.

国家重点保护名录	浙江省重点保护名录	红色名录等级	CITES	IUCN
		近危（NT）		

【形态特征】一年生草本。叶片卵状椭圆形，长2~6cm，宽1.5~4cm，基部下延成1~3cm的柄；侧脉6~8对；苞片线状披针形，长3~4mm，先端具小尖。花序具总梗；花下苞片位于花梗的基部；花1~2朵；总花梗粗短，长约1cm，短于花梗；花淡紫色或淡红色，翼瓣远大于旗瓣。花果期7~8月。

【分布与生境】产于永嘉、泰顺等地。生于海拔200~700m山谷溪边林缘灌草丛。

【保护价值】花美丽，可观赏。

【致危因素】浙江特有种；分布区较狭窄。

【保护措施】加强生境保护。

223 杨桐 红淡比
Cleyera japonica Thunb.

五列木科 Pentaphylacaceae　红淡比属 *Cleyera* Thunb.

国家重点保护名录	浙江省重点保护名录	红色名录等级	CITES	IUCN
	列入			

【形态特征】常绿小乔木，高达9m。树皮平滑，灰褐色。小枝具2棱或萌芽枝无棱，顶芽显著。叶2列状互生；叶片革质，形态多变，常椭圆形或倒卵形，长5~11cm，宽2~5cm，先端渐尖或短渐尖，基部楔形，全缘，上面深绿色，有光泽，下面淡绿色，无腺点，中脉在上面平贴或略下凹，下面隆起，侧脉两面稍明显；叶柄长0.5~1cm。花两性，单生或2~3朵生于叶腋；萼片5，圆形，边缘有纤毛；花瓣5，白色；雄蕊约25。浆果球形，直径7~9mm，成熟时黑色。花期6~7月，果期9~10月。

【分布与生境】产于乐清、永嘉、瑞安、文成、苍南、泰顺。生于海拔1200m以下的沟谷林中、山坡灌丛或林缘路旁。

【保护价值】枝叶茂密，可作绿化树种；枝、叶经加工后出口日本，供祭祀用。

【致危因素】人为采挖；原生境破坏。

【保护措施】加强原生境保护；减少人为干扰；进行人工栽培供出口日本。

224 柃木
Eurya japonica Thunb.

五列木科 Pentaphylacaceaee　柃木属 *Eurya* Thunb.

国家重点保护名录	浙江省重点保护名录	红色名录等级	CITES	IUCN
	列入			

【形态特征】常绿灌木或小乔木。全株无毛。嫩枝具2棱而不呈翅状；顶芽长4~8mm；叶片革质，倒卵形或倒卵状椭圆形，长3~7cm，宽1.5~3cm，先端急尖而钝头，微凹，基部楔形，边缘具粗钝锯齿，上面深绿色，光亮，下面淡绿色；叶柄长2~3mm。花1~3朵腋生，白色；花梗长约2mm；雄花：苞片近圆形，萼片卵圆形，花瓣长圆状倒卵形，长约4mm，雄蕊12~15；雌花：苞片近圆形，极微小，萼片卵形，花瓣长圆形，长2.5~3mm，子房无毛。浆果圆球形，直径3~4mm。花期2~4月，果期9~11月。

【分布与生境】产于全市沿海和岛屿。生于海拔500m以下的滨海山坡林下及灌丛、岩质海岸石缝中。

【保护价值】枝叶可入药，有清热消肿的功效；灰汁可作染媒剂，果实可作染料。

【致危因素】人为砍伐；原生境破坏。

【保护措施】加强原生境保护；减少人为砍伐。

225 董叶紫金牛 锦花紫金牛
Ardisia violacea (T. Suzuki) W. Z. Fang et K. Yao

报春花科 Primulaceae　紫金牛属 *Ardisia* Sw.

国家重点保护名录	浙江省重点保护名录	红色名录等级	CITES	IUCN
	列入			

【形态特征】亚灌木，高2.5~5（10）cm。叶有时略呈莲座状；叶片卵状狭椭圆形或狭长圆形，长3~6cm，宽1~2.5cm，先端渐尖，边缘具不规则浅波状圆锯齿，齿缝间具不明显边缘腺点，上面微红色，下面淡紫色，脉上被细微柔毛。伞形花序单生于叶腋或茎上部，具2或3花；花序梗长1~2cm；花梗长2~4mm；花冠白色。果球形，直径4mm，红色。花期6~7月，果期10~12月。

【分布与生境】产于平阳。生于海拔100~300m的丘陵、谷地常绿阔叶林和毛竹林下的灌草丛中。

【保护价值】植株矮小，果实红色，挂果时间长，可作盆栽观赏。

【致危因素】分布区狭窄；原生境破坏。

【保护措施】加强原生境保护；减少人为干扰；进行人工栽培；开发其观赏价值。

226 五岭管茎过路黄

Lysimachia fistulosa Hand.-Mazz. var. *wulingensis* F. H. Chen et C. M. Hu

报春花科 Primulaceae　珍珠菜属 *Lysimachia* Tourn. ex L.

国家重点保护名录	浙江省重点保护名录	红色名录等级	CITES	IUCN
		近危（NT）		

【形态特征】多年生草本，高20~50cm。茎直立或膝曲直立，明显四棱形，单一或有分枝。单叶对生；叶片披针形，先端长渐尖，基部渐狭成草质边缘的叶柄，半抱茎，上面及边缘有稀疏小刺毛，两面有粒状腺点。缩短的总状花序生于茎端，成头状花序状；花梗短；花萼5深裂，裂片披针形，被毛；花冠淡黄色，长1~1.3cm，5裂，裂片倒卵形；雄蕊5，基部合生成筒；子房球形，具多节毛，花柱细长。蒴果球形，直径3~3.5mm。花期4~5月，果期5~8月。

【分布与生境】产于泰顺。生于海拔约300m的阔叶林下。

【保护价值】植株丛生高大，花艳丽，可作花境。

【致危因素】分布区狭窄；除草剂污染；原生境破坏。

【保护措施】加强原生境保护；减少人为干扰。

227 紫脉过路黄
Lysimachia rubinervis F. H. Chen et C. M. Hu

报春花科 Primulaceae 珍珠菜属 *Lysimachia* Tourn. ex L.

国家重点保护名录	浙江省重点保护名录	红色名录等级	CITES	IUCN
		近危（NT）		

【形态特征】多年生草本，全株无毛。茎直立，高可达50cm，基部分枝而呈簇生状。单叶对生；叶片披针形，长3~8cm，宽1~3.5cm，具紫红色腺点，先端渐尖或长渐尖，基部楔形或下延成翼柄，中脉较宽，带紫红色。总状花序顶生，具4~18朵花；花序梗长0.5~1.5cm；苞片小，叶状，常生于花梗上；花梗长2~8mm；花萼5深裂，裂片线状披针形；花冠黄色，近辐状，5深裂，裂片椭圆形；雄蕊5，花丝基部合生成狭筒。蒴果球形，直径约3mm。花期5~6月，果期7~8月。

【分布与生境】产于瑞安、文成、泰顺。生于海拔150~900m的山坡林下和林缘岩石缝间。

【保护价值】植株丛生高大，花量大，花期长，具有较高的园林观赏价值，可配植于花境。

【致危因素】分布区狭窄；除草剂污染；原生境破坏。

【保护措施】加强原生境保护；减少人为干扰；进行人工栽培；开发其观赏价值。

228 毛茛叶报春 堇叶报春

Primula cicutariifolia Pax

报春花科 Primulaceae　报春花属 *Primula* L.

国家重点保护名录	浙江省重点保护名录	红色名录等级	CITES	IUCN
		易危（VU）		

【形态特征】二年生矮小草本。茎直立，高可达15cm，基部偶有匍匐枝。叶基生；叶片羽状分裂，长2~6cm，顶裂片较大，具缺刻状锯齿，侧裂片逐渐缩小，具锯齿，下面有锈色短腺条；叶柄长1~4cm。伞形花序具2~4朵花；苞片条形；花梗长1~2cm；花萼5深裂；花冠淡紫色，高脚碟状，5裂，裂片倒心形，先端微凹，花蕾时呈覆瓦状排列；雄蕊5，着生于花冠筒上，有长短之分；子房近卵形，花柱异长。蒴果球形，顶端开裂。花期3~4月，果期5~7月。

【分布与生境】产于永嘉。生于海拔300~400m的山谷林下阴湿处和常有滴水的岩石上。

【保护价值】植物小巧且秀气，可作盆栽观赏。

【致危因素】分布区狭窄；原生境破坏。

【保护措施】加强原生境保护；减少人为干扰。

229 毛枝连蕊茶

Camellia trichoclada (Rehder) S.S. Chien

山茶科 Theaceae　　山茶属 *Camellia* L.

国家重点保护名录	浙江省重点保护名录	红色名录等级	CITES	IUCN
		近危（NT）		

【形态特征】常绿灌木，高达2m。小枝纤细，密被开展长粗毛。叶薄革质，排成2列；叶片卵形，长1.2~2.5cm，宽0.6~1.3cm，先端微凹，基部圆形，有时微心形，边缘具细钝锯齿，上面除中脉外无毛，下面近无毛；叶柄长1~1.5mm，具毛。花1~2朵顶生，白色或粉红色，直径2~2.5cm；花梗长1~3mm；苞片4~5；萼片5，宽卵形；花瓣5~6，近圆形；雄蕊20~30；花柱顶端3裂，同花丝和子房均无毛。蒴果近球形，直径9~10mm，具宿存的苞片及萼片，成熟时3裂。花期11~12月，果期翌年10月。

【分布与生境】产于永嘉、瓯海、文成、平阳、苍南、泰顺。生于海拔500m以下的山坡林下或灌丛中。

【保护价值】花粉红色，可作盆栽观赏。

【致危因素】原生境破坏。

【保护措施】加强原生境保护；减少人为干扰。

230 尖萼紫茎
Stewartia acutisepala P. L. Chiu et G. R. Zhong

山茶科 Theaceae　紫茎属 *Stewartia* L.

国家重点保护名录	浙江省重点保护名录	红色名录等级	CITES	IUCN
	列入			

【形态特征】落叶小乔木，高6~12cm。树皮红褐色，薄片剥落。叶纸质，倒卵状椭圆形，长6~10cm，宽2.5~5cm，先端渐尖，基部渐狭，边缘有疏锯齿，齿端有小尖头，上面无毛，下面初时散生贴伏长柔毛，后渐落；叶柄长5~8mm。花单生于叶腋；花梗5~10mm；萼片5枚，苞片卵形，急尖，外轮2枚略长；花瓣不相；雄蕊基部合生，花丝被疏柔毛；子房卵形，密被柔毛，花柱单一，无毛，花后伸长至12mm。蒴果5棱，尖圆锥形，顶端具缘，被毛。种子每室2个。花期5~6月，果期9~10月。

【分布与生境】产于永嘉、瑞安、泰顺，模式标本采自泰顺。生于海拔700~1450m的山坡、沟谷溪边林中。

【保护价值】树干通直、光滑、红褐色，花洁白，是极好的观赏树种。

【致危因素】分布区狭窄；呈零星分布；人为砍伐；原生境破坏。

【保护措施】加强原生境母树保护；进行人工繁育和野外回归，增加其野外分布数量和密度；进行人工栽培，开发其观赏价值。

231 陀螺果 鸦头梨
Melliodendron xylocarpum Hand.-Mazz.

安息香科 Styracaceae 陀螺果属 *Melliodendron* Hand.-Mazz.

国家重点保护名录	浙江省重点保护名录	红色名录等级	CITES	IUCN
	列入	易危（VU）		

【形态特征】落叶乔木，高7~15m。树皮灰白色，光滑。小枝红褐色。叶片倒披针形、卵状披针形，长6~11cm，宽4~6cm，顶端钝渐尖或急尖，基部楔形至宽楔形，边缘有细锯齿；叶柄长5~10mm。花单生或成对生于去年生枝的叶腋内；花萼管状，筒长约4mm；花冠粉白色，花冠裂片5；雄蕊10，花丝下部1/3合生成筒，筒内密生白色长柔毛。核果木质，具5~10棱，倒卵形，长3~4cm，直径1.5~2.5cm，上部3/4处留有环状萼檐的残迹，被星状柔毛。花期3月，果期8月。

【分布与生境】产于泰顺。生于向阳山坡阔叶林中。

【保护价值】木材质轻，可制作器具；树形优美，花艳丽，可作园林观赏树种。

【致危因素】分布区狭窄；人为砍伐；原生境破坏。

【保护措施】加强原生境保护；禁止人为砍伐；进行人工栽培；开发其观赏价值。

232 银钟花

Perkinsiodendron macgregorii (Chun) P. W. Fritsch—*Halesia macgregorii* Chun

安息香科 Styracaceae　银钟花属 *Perkinsiodendron* P．W．Fritsch

国家重点保护名录	浙江省重点保护名录	红色名录等级	CITES	IUCN
	列入	近危（NT）		

【形态特征】落叶乔木，高6~15m。树皮灰白色，光滑。叶互生；叶片椭圆状长圆形至椭圆形，长6~10cm，宽2.5~4cm，先端渐尖，基部钝或宽楔形，边缘具细齿，上面无毛，下面脉腋有簇毛，侧脉每边10~24条；叶柄长7~15mm。总状花序短缩，簇生于去年生小枝叶腋内，下垂，具清香；花冠白色，宽钟形，裂片4，倒卵状椭圆形，长约9mm；雄蕊8枚，花丝基部1/5处合生，与花柱均伸出花冠之外。果为核果，椭圆形，长2.5~3cm，有4条宽纵翅，顶端有宿存花柱。花期4月，果期7~10月。

【分布与生境】产于乐清、瑞安、文成、泰顺，模式标本采自泰顺。零星生于阔叶林中或林缘。

【保护价值】树干通直，纹理致密，可制作各种家具；花芳香，叶秀丽，果奇特，可作观赏树种。

【致危因素】分布区狭窄；原生境破坏。

【保护措施】加强原生境保护；减少人为干扰。

233 软枣猕猴桃 猕猴梨
Actinidia arguta (Siebold et Zucc.) Planch. ex Miq.

猕猴桃科 Actinidiaceae 猕猴桃属 *Actinidia* Lindl.

国家重点保护名录	浙江省重点保护名录	红色名录等级	CITES	IUCN
二级				

【形态特征】落叶藤本。髓淡褐色，片层状。叶片纸质，宽卵形至长圆状卵形，长8~12cm，宽5~10cm，先端具短尖头，基部圆形、楔形或心形，有时歪斜，边缘具细密锐齿，齿尖不内弯，下面无白粉，仅脉腋具髯毛；叶柄长3~7cm，常紫红色。聚伞花序一回或二回分歧，具1~7花，微被短茸毛；萼片5，具缘毛，早落；花瓣5，绿白色，倒卵圆形，无毛，芳香；花药暗紫色；子房瓶状球形，无毛。果圆球形至圆柱形，暗紫色，长2~3cm，具喙或喙不显著，无毛和斑点。种子长约2.5mm。花期5~6月，果期8~10月。

【分布与生境】产于永嘉、文成、泰顺。生于海拔600~1500m的山坡疏林中或林缘。

【保护价值】果可直接食用，亦可酿酒或加工成蜜饯；野生个体是软枣猕猴桃培育新品种的重要材料。

【致危因素】分布区狭窄；零星分布；原生境破坏。

【保护措施】加强原生境保护；减少人为干扰。

234 中华猕猴桃 藤梨
Actinidia chinensis Planch.

猕猴桃科 Actinidiaceae　猕猴桃属 *Actinidia* Lindl.

国家重点保护名录	浙江省重点保护名录	红色名录等级	CITES	IUCN
二级				

【形态特征】落叶藤本。髓白色。叶片厚纸质，宽倒卵形、宽卵形或近圆形，长6~12cm，宽6~13cm，先端突尖、微凹或平截，基部钝圆、平截或浅心形，边缘具刺毛状小齿，下面密被灰白色或淡棕色星状茸毛；叶柄密被锈色柔毛。聚伞花序，雄花序通常3花，雌花多单生；花序梗连同苞片、萼片均被茸毛；萼片5；花瓣5（7），白色，后变淡黄色，宽倒卵形；子房球形，被茸毛。果球形、卵状球形或圆柱形，长4~5cm，被短茸毛，熟时变无毛，黄褐色，具斑点。花期5月，果期8~9月。

【分布与生境】产于本市各地。生于海拔1 450m以下的山坡、沟谷林中、林缘，常攀附于树冠、岩石上。

【保护价值】常见野果，可食用或泡酒；优良的蜜源植物；根可入药，有清热解毒、化湿健脾、活血散瘀的功效。

【致危因素】人为采挖；原生境破坏。

【保护措施】加强原生境保护；减少人为采挖。

235 长叶猕猴桃 粗齿猕猴桃

Actinidia hemsleyana Dunn

猕猴桃科 Actinidiaceae 猕猴桃属 *Actinidia* Lindl.

国家重点保护名录	浙江省重点保护名录	红色名录等级	CITES	IUCN
		易危（VU）		

【形态特征】落叶大藤本。髓褐色，片层状。叶互生；叶片纸质，卵状椭圆形至长圆状披针形，长5~18.5cm，宽3~11.5cm，先端短尖或钝，基部楔形或圆形，两侧常不对称，边缘具稀疏突尖状小齿，上面淡绿色，下面绿色至淡绿色，具白粉；叶柄长1~4cm。聚伞花序1~3花，花序梗长5~10mm；花绿白色至淡红色，直径达16mm；花梗长8~12mm；萼片5；花瓣5。果长圆状圆柱形，长2.5~3cm，幼时密被黄色长柔毛，成熟时毛逐渐脱落，有多数疣状斑点，基部具宿存、反折的萼片。花期5~6月，果期7~9月。

【分布与生境】产于瑞安、文成、平阳、苍南、泰顺。生于海拔300~1250m的沟谷溪边、山坡林缘，多攀附于树冠、岩石上。

【保护价值】果可食；民间常用根治疗疖肿及癌症。

【致危因素】人为采挖，原生境破坏。

【保护措施】加强原生境保护；减少人为采挖。

236 小叶猕猴桃 绳梨
Actinidia lanceolata Dunn

猕猴桃科 Actinidiaceae　猕猴桃属 *Actinidia* Lindl.

国家重点保护名录	浙江省重点保护名录	红色名录等级	CITES	IUCN
		易危（VU）		

【形态特征】落叶藤本。髓褐色，片层状。叶互生；叶片纸质，披针形、倒披针形至卵状披针形，长3.5~12cm，宽2~4cm，先端短尖至渐尖，基部楔形至圆钝，上面无毛或被粉末状毛，下面密被极短的灰白色或褐色星状毛；叶柄长8~20mm。聚伞花序有3~7花；花序梗长3~10mm；花淡绿色，直径8mm；萼片3~4枚，被锈色短茸毛；花瓣5枚；雄蕊多数；子房密被短茸毛。果小，卵球形，长5~10mm，熟时褐色，有明显斑点，基部具宿存、反折的萼片。花期5~6月，果期10~11月。

【分布与生境】产于本市各地。生于海拔200~700m的山坡路边、沟谷疏林下、灌丛中或林缘，常攀附于树冠、岩石上。

【保护价值】果实小但结果量大，是野生动物秋季重要的食物来源。

【致危因素】原生境破坏。

【保护措施】加强原生境保护；减少人为干扰。

237 安息香猕猴桃

Actinidia styracifolia C. F. Liang

猕猴桃科 Actinidiaceae　猕猴桃属 *Actinidia* Lindl.

国家重点保护名录	浙江省重点保护名录	红色名录等级	CITES	IUCN
		易危（VU）		

【形态特征】落叶藤本。髓白色，层片状。叶互生；叶片纸质，椭圆状卵形或倒卵形，长 6~11.5cm，宽 4.5~6.5cm，先端急尖至短渐尖，基部宽楔形，边缘具突尖状小齿，上面幼时生短糙伏毛，下面密被灰白色星状短茸毛；叶柄长 12~20mm，密被黄褐色短茸毛。聚伞花序二回分歧，有花5~7朵；花序梗长 4~8mm；苞片钻形；萼片通常2~3，外侧密被黄褐色短茸毛，内侧毛被稀疏；花瓣5，长圆形或长圆状倒卵形；雄花橙黄色，直径8~10mm。果圆柱形，长2~3cm。花期5月，果期9~10月。

【分布与生境】产于瑞安、泰顺。生于海拔800m以下的沟谷林缘、山坡路边灌丛中。

【保护价值】果实可食用，维生素C含量较高。

【致危因素】分布区狭窄；原生境破坏。

【保护措施】加强原生境保护；减少人为干扰。

238 对萼猕猴桃 麻叶猕猴桃
Actinidia valvata Dunn

猕猴桃科 Actinidiaceae　猕猴桃属 *Actinidia* Lindl.

国家重点保护名录	浙江省重点保护名录	红色名录等级	CITES	IUCN
		近危（NT）		

【形态特征】落叶藤本。髓白色，实心，有时层片状。叶互生；叶片纸质，长卵形至椭圆形，长3.5~10cm，宽3~6cm，先端短渐尖或渐尖，基部楔形或截圆形，边缘有细锯齿至粗大的重锯齿，两面均无毛；叶柄淡红色，无毛，长1.5~2cm。花序具1~3花，花序梗长0.5~1cm；苞片钻形；花白色，芳香，直径1.5~2cm；萼片2~3，镊合状排列；花瓣5~9，倒卵圆形。果卵球形或长圆状圆柱形，长2~2.5cm，无毛，无斑点，顶端有尖喙，基部有反折的宿存萼片，成熟时黄色或橘红色，具辣味。花期5月，果期10月。

【分布与生境】产于泰顺。生于海拔300~1000m的山坡林缘、沟谷溪边灌丛中。

【保护价值】根可入药，有散瘀化结的功效。

【致危因素】分布区狭窄；人为采挖；原生境破坏。

【保护措施】加强原生境保护；减少人为采挖。

239 浙江猕猴桃
Actinidia zhejiangensis C. F. Liang

猕猴桃科 Actinidiaceae　猕猴桃属 *Actinidia* Lindl.

国家重点保护名录	浙江省重点保护名录	红色名录等级	CITES	IUCN
		极危（CR）		

【形态特征】落叶大藤本。髓白色，层片状。叶片长圆形或长卵形，长5~20cm，宽2.5~11cm，先端渐尖，基部浅心形至垂耳状，上面近无毛，下面起初密被黄褐色茸毛或分叉的星状毛，后渐落；叶柄长1~4cm。聚伞花序有1~3朵花；花序梗长1~1.5cm；花淡红色，直径1~2.5cm，雌花常较雄花大；萼片常4~5，与花序均密被褐色茸毛；花瓣5枚，倒卵形；子房球形，直径5~6mm，密被黄褐色卷曲茸毛。果圆柱形，长3.5~4cm，表面有一层糠秕状短茸毛和黄褐色长毡毛，具宿存萼片。花期5月，果期9月。

【分布与生境】产于瑞安、文成、平阳、泰顺。生于海拔500~900m的山坡林缘、路旁灌丛中。

【保护价值】果实可食用，维生素C含量较高。

【致危因素】分布区狭窄；原生境破坏。

【保护措施】加强原生境保护；减少人为干扰。

240 崖壁杜鹃
Rhododendron saxatile B.Y. Ding et Y. Y. Fang

杜鹃花科 Ericaceae　杜鹃花属 *Rhododendron* L.

国家重点保护名录	浙江省重点保护名录	红色名录等级	CITES	IUCN
	列入			

【形态特征】常绿灌木，高可达1m。小枝密被卷曲刚毛。叶片革质，椭圆形或卵形，长2~3cm，宽0.7~1.5cm，先端急尖，具短尖头，边缘反卷，上面深绿色，下面淡黄绿色，幼时两面密被卷曲刚毛，老时上面近秃净。伞形花序顶生，具3~5花；花梗长5~7mm；花萼5浅裂；花冠白色，漏斗状，长1.5~1.8cm，裂片5，长圆形，上方裂片基部具紫红色斑点；雄蕊5；子房卵球形。蒴果长卵球形，密被卷曲刚毛。花期4~5月，果期7月。

【分布与生境】产于平阳，模式标本采自平阳。生于海拔60~400m的崖壁上及山坡灌丛中。

【保护价值】植株矮小，株型紧凑，花色秀丽，可作为盆栽观赏。

【致危因素】分布区狭窄；数量稀少；人为采挖；原生境破坏。

【保护措施】加强原生境保护；禁止人为采挖；开展繁育与野外回归。

241 泰顺杜鹃

Rhododendron taishunense B. Y. Ding et Y. Y. Fang

杜鹃花科 Ericaceae　杜鹃花属 *Rhododendron* L.

国家重点保护名录	浙江省重点保护名录	红色名录等级	CITES	IUCN
	列入	易危（VU）		

【形态特征】常绿灌木或小乔木，高2~5m。叶3~4片集生于枝顶；叶片革质，椭圆状长圆形或长圆状披针形，长3.5~9cm，宽1.2~3cm，先端渐尖，基部心形，微反卷，边缘有刺芒状锯齿或刺毛，下面中脉具刺毛，中脉在上面下凹，在下面突出；叶柄长2~5mm，密被刺毛。花单生于枝顶叶腋；花萼短小，长约2mm；花冠淡紫红色，狭漏斗状，长3.5~4cm，裂片5，椭圆状长圆形；雄蕊10。蒴果圆柱形，长4~4.5cm。花期3~4月，果期9~11月。

【分布与生境】产于泰顺，模式标本采自泰顺。生于海拔300~600m的山坡常绿阔叶林中。

【保护价值】花期早，花量较大，叶形奇特，集生枝顶，秋叶变红，具有较高的观赏价值。

【致危因素】分布区狭窄；原生境破坏。

【保护措施】加强原生境保护；减少人为干扰；进行人工栽培；挖掘其观赏价值。

242 杜仲
Eucommia ulmoides Oliv.

杜仲科 Eucommiaceae　杜仲属 *Eucommia* Oliv.

国家重点保护名录	浙江省重点保护名录	红色名录等级	CITES	IUCN
	列入	易危（VU）		

【形态特征】落叶乔木，高20m。树皮纵裂，灰褐色，粗糙，内含橡胶。嫩枝有黄褐色毛，不久便秃净，老枝有明显的皮孔。单叶互生，无托叶；叶椭圆形、卵形，折断时有银白色胶丝。花单生于当年生枝基部，雄花密集成头状花序，雄蕊长约1cm；雌花具短梗，子房无毛，1室，扁而长，先端2裂，子房柄极短。翅果扁平，长椭圆形，先端2裂，基部楔形，周围具薄翅。种子扁平，线形，两端圆形。花期3~4月，果期9~11月。

【分布与生境】本市各地有栽培，有时逸生。生于海拔500~1000m的山坡、沟谷林中，多产于石灰岩山地。

【保护价值】树皮为贵重中药，具有补中益气、强筋骨的功效。

【致危因素】人为采剥树皮；原生境破坏。

【保护措施】加强原生境母树保护；禁止采剥；进行人工栽培，开发其药用价值。

243 大虎刺 大卵叶虎刺
Damnacanthus major Siebold et Zucc.

茜草科 Rubiaceae　虎刺属 *Damnacanthus* C．F．Gaertn.

国家重点保护名录	浙江省重点保护名录	红色名录等级	CITES	IUCN
		易危（VU）		

【形态特征】具刺灌木，高1~2m。根肉质；茎二叉分枝；嫩枝密被短粗毛，有时具4棱。叶宽卵形、卵形、椭圆状卵形，长3~4cm，宽1.5~2cm，上面无毛，下面脉处有疏短毛，顶端急尖或锐尖，全缘；常具小型叶；侧脉3~5条；叶柄被短粗毛；托叶初时裂，后合生成三角形，易碎落，托叶腋具针刺1枚。花1~2朵腋生；线形苞片1枚；萼钟状，长约4mm，顶部具萼齿4，三角形；花冠白色，管状漏斗形，喉部密被毛，檐部4裂；雄蕊4；子房4室，花柱外露，顶部4裂。核果近球形，具分核1~4。花期4月，果期冬季。

【分布与生境】产于瑞安等地。生于山地疏林下和灌丛中。

【保护价值】分布于中国和日本，在中日区系研究上具有科研价值。

【致危因素】分布区狭窄；种群受威胁严重；栖息地质量有所下降。

【保护措施】加强生境保护。

244 香果树
Emmenopterys henryi Oliv.

茜草科 Rubiaceae　香果树属 *Emmenopterys* Oliv.

国家重点保护名录	浙江省重点保护名录	红色名录等级	CITES	IUCN
二级		近危（NT）		

【形态特征】落叶大乔木，高达30m，胸径达1m。树皮灰褐色，鳞片状；小枝有皮孔。叶阔椭圆形至卵状椭圆形，长6~30cm，宽3.5~14.5cm，顶端短尖或骤然渐尖，全缘，上面无毛或疏被糙伏毛，下面脉腋常有簇毛；侧脉5~9对；托叶早落。圆锥状聚伞花序顶生；花芳香；萼裂片近圆形，具缘毛，脱落；变态的叶状萼裂片白色、淡红色或淡黄色；花冠漏斗形，白色或黄色，被黄白色茸毛，裂片近圆形；花丝被茸毛。蒴果长圆状卵形或近纺锤形，有纵细棱；种子多数，具阔翅。花期6~8月，果期8~11月。

【分布与生境】产于永嘉、文成、泰顺等地。生于山谷林中，喜湿润而肥沃的土壤。

【保护价值】树干高耸，花美丽，可作庭园观赏树；树皮纤维柔细，是制蜡纸及人造棉的原料；木材无边材和心材的明显区别，纹理直，结构细，供制家具和建筑用；耐涝，可作湿地或固堤植物。

【致危因素】种群数量少。

【保护措施】加强生境保护。

245 蔓九节

Psychotria serpens L.

茜草科 Rubiaceae　九节属 *Psychotria* L.

国家重点保护名录	浙江省重点保护名录	红色名录等级	CITES	IUCN
	列入			

【形态特征】藤本，常以气根攀附于树干或岩石上；嫩枝稍扁，老枝圆柱形。叶对生，叶形变化大，长 0.7~9cm，宽0.5~3.8cm，全缘而有时稍反卷，侧脉4~10对；托叶膜质，短鞘状，脱落。聚伞花序顶生，常三歧分枝，圆锥状或伞房状，长1.5~5cm，宽1~5.5cm；苞片和小苞片线状披针形，常对生；花萼倒圆锥形，与花冠外面有时被秕糠状短柔毛，顶端5浅裂，裂片三角形；花冠白色，冠管与花冠裂片近等长，喉部被白色长柔毛。浆果状核果球形或椭圆形，具纵棱，白色；小核背面凸起，具纵棱。花期4~6月，果期全年。

【分布与生境】产于乐清、洞头、平阳、苍南、泰顺等地。生于海边灌丛或林中。

【保护价值】全株药用，具有舒筋活络、壮筋骨、祛风止痛、凉血消肿之功效。

【致危因素】生境特殊；种群数量少。

【保护措施】加强生境保护。

246 台闽苣苔
Titanotrichum oldhamii (Hemsl.) Soler.

苦苣苔科 Gesneriaceae　台闽苣苔属 *Titanotrichum* Soler.

国家重点保护名录	浙江省重点保护名录	红色名录等级	CITES	IUCN
	列入	近危（NT）		

【形态特征】多年生落叶草本。叶通常对生，同一对叶不等大；叶片草质或纸质，狭椭圆形至椭圆形，长4.5~24cm，宽2.8~10cm，基部楔形或宽楔形，边缘有齿，两面疏被短柔毛，侧脉约7条。能育花序总状，顶生，长10~15cm，轴和花梗均被褐色开展短柔毛；苞片披针形；小苞片生花梗基部，被短柔毛；不育花序穗状，长约26cm。花萼5裂达基部，两面均被短柔毛，有3脉；花冠黄色，裂片有紫斑；筒部漏斗形，上唇2深裂，下唇3裂；子房卵球形，密被贴伏短柔毛。蒴果卵球形，疏被短柔毛；种子褐色。花期8~9月，果期10~11月。

【分布与生境】产于泰顺等地。生于山谷阴湿处。

【保护价值】单属种，具有科研价值；花艳丽，具有很高的观赏价值。

【致危因素】分布区较狭窄；种群数量少；生境破坏。

【保护措施】加强生境保护；开展人工保育研究。

247 菜头肾 肉根马蓝

Strobilanthes sarcorrhiza (C. Ling) C. Z. Zheng ex Y. F. Deng et N. H. Xia

爵床科 Acanthaceae　马蓝属 *Strobilanthes* Blume

国家重点保护名录	浙江省重点保护名录	红色名录等级	CITES	IUCN
	列入			

【形态特征】多年生草本。根肉质增厚。茎高20~40cm，节稍膨大。叶对生，无柄或几无柄；叶片矩圆状披针形，长4~18cm，宽1.5~3cm，顶端渐尖，基部狭楔形，侧脉7~9对，上面无毛，下面脉上被微毛，边缘具钝齿或微波状。花序短穗状或半球形，顶生；苞片倒卵状椭圆形，宿存，小苞片条形，萼裂片5，条状线形，苞片、小苞片和萼片均密生白色或淡褐色多节长柔毛；花冠淡紫色，漏斗形，长3.5~4.5cm，花冠中部弯而下部缩，里面有2列微毛，裂片5；雄蕊4，2强，花丝和花柱有短柔毛。种子4。花期7~10月，果期9~11月。

【分布与生境】产于全市各地，模式标本采自瑞安。生于低山区林下或丘陵地带阴湿处。

【保护价值】温州民间著名的草药，为"七肾汤"之一；全草或根可入药，有养阴清热、补肾之效，花漂亮，可用作观赏植物。

【致危因素】浙江特有种；分布区较狭窄；过度采挖；生境破坏。

【保护措施】加强生境保护；开展人工繁育和林下种植研究；减少对野生资源的依赖。

248 华东泡桐 台湾泡桐
Paulownia kawakamii T. Itô

泡桐科 Paulowniaceae　泡桐属 *Paulownia* Sieb. et Zucc.

国家重点保护名录	浙江省重点保护名录	红色名录等级	CITES	IUCN
				极危（CR）

【形态特征】落叶小乔木，高6~12m。小枝褐灰色，有明显皮孔。叶片心脏形，长达48cm，全缘或3~5裂或有角，两面均有黏毛；叶柄幼时具长腺毛。宽大圆锥花序长可达1m，侧枝发达可几与中央主枝等长，小聚伞花序无总花梗或位于下部者具短总梗，短于花梗，有黄褐色绒毛，常具花3朵；萼有茸毛，深裂至一半以上，萼齿狭卵圆形，边缘有明显的绿色之沿；花冠近钟形，浅紫色至蓝紫色，长3~5cm，外面有腺毛；子房有腺。蒴果卵圆形，顶端有短喙，宿萼辐射状，常强烈反卷；种子长圆形，连翅长3~4mm。花期4~5月，果期8~9月。

【分布与生境】产于全市各地。生于海拔200~1500m的山坡灌丛、疏林及荒地。

【保护价值】材质优良，轻而韧，纹理美观，可制作胶合板、航空模型、车船衬板、空运水运设备，以及各种乐器、手工艺品、家具、电线压板、优质纸张等；叶、花、木材有消炎、止咳、利尿、降压等功效；花美丽，可用于观赏和绿化。

【致危因素】生境破坏。

【保护措施】加强生境保护。

249 江西马先蒿

Pedicularis kiangsiensis P. C. Tsoong et S. H. Cheng

列当科 Orobanchaceae 马先蒿属 *Pedicularis* L.

国家重点保护名录	浙江省重点保护名录	红色名录等级	CITES	IUCN
		易危（VU）		

【形态特征】多年生草本。茎高70~80cm，紫褐色，有二条被毛的纵浅槽。叶假对生，长卵形至披针状长圆形，羽状浅至深裂，裂片长圆形至斜三角状卵形，4~9枚，具缺刻状小裂或重锯齿，齿有刺尖头，上面被疏粗毛，下面近无毛。花序总状，苞片叶状，卵状团扇形；萼狭卵形，被腺毛；花冠筒在萼内向前拱曲，二唇形，上唇盔状，镰状拱曲，额部圆钝，前端突然向后下方成一方角，下缘伸长为极细的须状齿1对，下唇侧裂斜肾状椭圆形，内侧大而呈耳形，与侧裂组成两个狭而深的缺刻；柱头头状，自盔端伸出。花期8~9月，果期9~11月。

【分布与生境】产于泰顺等地。生于山坡岩石上或阴湿处，或山顶阴处灌丛边缘。

【保护价值】花美丽且独特，具有很高的观赏价值。

【致危因素】分布区较狭窄；种群数量少。

【保护措施】加强生境保护；开展人工保育研究。

250 天目地黄

Rehmannia chingii H. L. Li

列当科 Orobanchaceae　　地黄属 *Rehmannia* Libosch. ex Fisch. et C. A. Mey.

国家重点保护名录	浙江省重点保护名录	红色名录等级	CITES	IUCN
		易危（VU）		

【形态特征】多年生草本，被多细胞长柔毛，高30~60cm。基生叶多少莲座状，叶片椭圆形，长6~12cm，宽3~6cm，纸质，边缘具不规则圆齿或粗锯齿，基部楔形，渐缩成长2~7cm具翅的柄。花单生；花梗与萼同被多细胞长柔毛及腺毛；萼齿披针形或卵状披针形；花冠紫红色，稀白色，长5.5~7cm；上唇裂片长卵形，下唇裂片长椭圆形；雄蕊后方1对稍短，其花丝基部被短腺毛，前方1对稍长，其花丝无毛；花柱顶端扩大。蒴果卵形，具宿存的花萼及花柱。种子多数，卵形至长卵形，具网眼。花期4~5月，果期5~6月。

【分布与生境】产于乐清、永嘉、瑞安、文成、泰顺等地。生于山坡、路旁草丛或石缝中。

【保护价值】全草可药用，有润燥生津、清热凉血之功效；花具有很高的观赏价值。

【致危因素】过度采挖；生境破坏。

【保护措施】禁止采挖；加强生境保护；开展人工保育研究。

251 全缘冬青
Ilex integra Thunb.

冬青科 Aquifoliaceae　冬青属 *Ilex* Tourn. ex L.

国家重点保护名录	浙江省重点保护名录	红色名录等级	CITES	IUCN
	列入			

【形态特征】常绿小乔木，高5.5m；树皮灰白色。小枝粗壮，茶褐色，具纵皱褶及椭圆形凸起的皮孔，略粗糙，无毛，皮孔半圆形，稍凸起，当年生幼枝具纵棱沟，无毛；叶生于1~2年生枝，叶片厚革质，倒卵形或倒卵状椭圆形，稀倒披针形，具短的宽钝头，基部楔形，全缘。果1~3粒簇生于当年生枝的叶腋内，果梗长7~8mm，无毛，具纵皱纹，基部具2枚卵形宿存小苞片；果球形，直径10~12mm，成熟时红色。花期4月，果期7~10月。

【分布与生境】产于平阳等地。生于海滨坡地。

【保护价值】耐干旱瘠薄，抗海风、海雾，适用于沿海风景林、海滨公园种植。

【致危因素】分布区较狭窄；过度采挖。

【保护措施】加强生境保护；禁止采挖。

252 温州冬青
Ilex wenchowensis S. Y. Hu

冬青科 Aquifoliaceae　冬青属 *Ilex* Tourn. ex L.

国家重点保护名录	浙江省重点保护名录	红色名录等级	CITES	IUCN
		濒危（EN）		濒危（EN）

【形态特征】常绿小灌木，高1.5~2m。小枝绿色，被短柔毛。叶片厚革质，卵形，长3~6.5cm，宽1~3cm，先端渐尖或针齿状，基部截形或圆形，边缘有深波状，每边具2~7针刺，中脉被短柔毛，侧脉4~5对，上面有光泽；叶柄长1~2mm。花序簇生叶腋，每枝含单花；雄花梗长1mm，花萼直径2mm，裂片三角状，顶端钝，有睫毛，花冠直径6~7mm，雄蕊与花冠等长。果扁球形，直径8mm，宿存柱头薄盘状或脐状；分核4粒，近圆形，长5mm，背部宽4.5mm，具掌状线纹，无沟，内果皮木质。花期5月，果期10月。

【分布与生境】产于永嘉、文成、苍南、泰顺等地，模式标本采自温州。生于海滨600~850m的山坡、沟谷杂木林中。

【保护价值】叶和果皆可观赏，适合园林上应用。

【致危因素】分布区较狭窄。

【保护措施】加强生境保护；开展人工保育研究。

253 长花帚菊 卵叶帚菊
Pertya scandens (Thunb.) Sch.Bip.

菊科 Asteraceae　帚菊属 *Pertya* Sch.Bip.

国家重点保护名录	浙江省重点保护名录	红色名录等级	CITES	IUCN
		濒危（EN）		

【形态特征】多枝灌木。长枝叶互生，卵形，长2.5~3.5cm，基脉3，具短柄；短枝叶3~4簇生，椭圆形或窄椭圆形，长1.5~6.5cm，先端长渐尖，基部楔形，边缘有锯齿，上面中脉疏被粗毛；基脉3，两面均凸起，叶柄长2~4mm。头状花序无梗，单生于短枝叶丛中；总苞圆筒形，长约1.5cm，总苞片约7层，先端钝或圆，有小凸尖头，背面顶部常带紫红色，先端与边缘均疏被毛，从外至内层依次变小；花两性，花冠管状，长1.6~1.9cm，檐部裂片长0.8~1cm。瘦果倒锥形，被白色粗伏毛；冠毛白色，粗糙。花期7~8月。

【分布与生境】产于乐清、永嘉、瑞安、文成、苍南、泰顺等地。生于山坡、路旁。

【保护价值】花和果具有观赏价值。

【致危因素】分布区狭窄；种群少。

【保护措施】加强生境保护。

254 永嘉双六道木 温州双六道木

Diabelia ionostachya (Nakai) Landrein et R. L. Barrett var. *wenzhouensis* (S. L. Zhou ex Landrein) Landrein—*D. spathulata* auct., non (Siedbold et Zucc.) Landrein

忍冬科 Caprifoliaceae　双六道木属 *Diabelia* Landrein

国家重点保护名录	浙江省重点保护名录	红色名录等级	CITES	IUCN
	列入	近危（NT）		

【形态特征】落叶灌木。高达3m。小枝栗色，纤细，无毛。叶膜质卵形，基部圆形，先端渐尖；两名疏生短柔毛，边缘稀疏锯齿或全缘；叶柄长约4mm，侧脉2~4对，上偶凹下凸。聚伞花序成对生于小枝顶端；总花梗4~4（~9）mm；苞片3，披针形；花萼红色；萼片长圆状披针形；花冠漏斗状，长约2.5cm，粉红色或白色带黄色，二唇形，上唇2裂，下唇3浅裂，上、下唇有橘色斑纹和长柔毛；雄蕊4，2强；花柱细，柱头头状，等长于花冠管。瘦果圆柱形，无毛或疏生短柔毛，具宿存略增大萼片。花期5月，果期6~10月。

【分布与生境】产于永嘉等地。生于海拔700~900m的灌丛中。

【保护价值】花和果具有观赏价值，适合园林应用。

【致危因素】分布区狭窄；种群稀少。

【保护措施】加强生境保护。

255 楤木 黄毛楤木
Aralia chinensis L.

五加科 Araliaceae　楤木属 *Aralia* L.

国家重点保护名录	浙江省重点保护名录	红色名录等级	CITES	IUCN
				易危（VU）

【形态特征】落叶灌木或小乔木。枝疏生粗短刺；小枝、叶轴、羽片轴、叶下和花序密被黄棕色绒毛，常疏生细刺。二至三回羽状复叶；小叶5~13，基部有小叶1对；小叶常宽卵形，长3~12cm，宽2~8cm，基部圆形，上面粗糙，疏生糙伏毛，具细锯齿，下面绿色或黄绿色，侧脉7~10对，明显。伞形花序再组成顶生大型圆锥花序，长30cm以上；主轴和分枝有时紫红色；伞形花序有花多数；苞片锥形，有毛；花白色，芳香；花萼无毛，具5齿；花瓣5；雄蕊5；子房下位，5室，花柱5。果球形，具5棱，熟时紫黑色。花6~8月，果9~10月。

【分布与生境】产于全市各地。生于低山坡、山谷疏林中或林下较阴处，也常产于郊野路边旷地或灌丛中。

【保护价值】嫩芽可作蔬菜；根皮可入药，有活血散瘀、健胃、利尿之功效；种子含油，可制肥皂。

【致危因素】数量较多，但存在过度采挖的风险。

【保护措施】禁止采挖。

256 吴茱萸五加 树三加

Gamblea ciliata var. *evodiifolia* (Franch.) C. B. Shang, Lowry et Frodin

五加科 Araliaceae 萸叶五加属 *Gamblea* C. B. Clarke

国家重点保护名录	浙江省重点保护名录	红色名录等级	CITES	IUCN
		易危（VU）		

【形态特征】落叶小乔木或灌木。树皮平滑；具长短枝。掌状复叶，长枝上互生，短枝上簇生，叶柄长3.5~8cm；小叶3，常卵形，长6~12cm，宽2.8~9cm，先端渐尖，基部楔形，两侧小叶基部歪斜，全缘或具细齿，上面无毛，下面脉腋具簇毛，后渐落，侧脉5~7对，与网状脉均明显；小叶几无柄。伞形花序常数个簇生或成总状；总花梗无毛；苞片膜质，线状披针形；花梗花后增长；花萼几全缘，无毛；花瓣4，绿色，反曲；雄蕊4；子房下位，2~4室，花柱2~4，仅基部合生。果近球形，径5~7mm，具2~4浅棱。花期5月，果期9月。

【分布与生境】产于永嘉、瓯海、文成、苍南、泰顺等地。生于海拔400~1550m的山岗岩石上或杂木林中及林缘。

【保护价值】根皮入药，有祛风利湿，强筋骨之效；可栽培作秋色叶树供观赏。

【致危因素】人工砍伐。

【保护措施】加强保护；禁止砍伐。

257 长梗天胡荽

Hydrocotyle ramiflora Maxim.

五加科 Araliaceae　天胡荽属 *Hydrocotyle* Tourn. ex L.

国家重点保护名录	浙江省重点保护名录	红色名录等级	CITES	IUCN
		近危（NT）		

【形态特征】匍匐草本。茎细长，柔弱，无毛或被柔毛。托叶膜质，阔卵形，全缘或微裂；叶片圆形或圆肾形，基部弯缺处的两叶耳通常相接或重叠，两面疏生短硬毛，5~7浅裂，裂片边缘有钝锯齿。单伞形花序生于各节上，与叶对生，花序的总花梗长为叶柄的1~2倍；花多数，花梗长约2mm；花瓣白色，卵形，具亮黄色腺体；花柱基隆起，花柱初时内弯，以后外弯。幼果略带紫红色，成熟褐色到黑紫色，果实心状圆形，长1~1.9mm。花果期5~8月。

【分布与生境】产于泰顺等地。生于沟谷林下潮湿处。

【保护价值】全草可入药，具有清热解毒、利尿消肿之功效。

【致危因素】种群数量少。

【保护措施】开展人工保育研究。

258 羽叶三七 疙瘩七
Panax bipinnatifidus Seem.—P. *japonicus* (T. Nees) C. A. Mey. var. *bipinnatifidus* (Seem.) C. Y. Wu et Feng

五加科 Araliaceae　人参属 *Panax* L.

国家重点保护名录	浙江省重点保护名录	红色名录等级	CITES	IUCN
二级	列入	易危（VU）		

【形态特征】本变种和原种的区别在于根状茎通常串珠状，有时竹鞭状，也有竹鞭状和串珠状的混合型；小叶片一至二回羽状浅裂至深裂，整齐或不整齐，裂片边缘具锯齿。花6~8月，果8~10月。

【分布与生境】据《浙江植物志》记载，泰顺有分布，但未见实物和实际标本。

【保护价值】药用，民间作三七代用品，也有疗伤、止血之功效。

259 竹节参 大叶三七
Panax japonicus (T. Nees) C. A. Mey.

五加科 Araliaceae　人参属 *Panax* L.

国家重点保护名录	浙江省重点保护名录	红色名录等级	CITES	IUCN
二级	列入			

【形态特征】多年生草本。根状茎横生，肉质肥厚，常每年生一节，竹鞭状或串珠状；根常不膨大。地上茎无毛。掌状复叶3~5轮生于茎顶；叶柄长5~10cm；小叶常5；中央小叶椭圆形，长5~15cm，2.5~6.5cm；最下方二小叶较小，基部常偏斜，具齿，两面无毛或脉上具毛。伞形花序常单生于顶，径0.5~2cm，花极多；总花梗无毛，花梗纤细；花小，绿白色；花萼具5齿，无毛；花瓣5，长卵形；雄蕊5；子房下位，2~5室与花柱同数，中下部合生，果时外弯。果近球形，熟时红色；种子乳白色。花6~8月，果8~10月。

【分布与生境】产于泰顺等地。生于海拔800~1400m的山谷林下水沟边或阴湿岩石旁腐殖土中。

【保护价值】根状茎名"竹三七"，有滋补强壮、散瘀止血之功效；叶生津止渴、清虚热，解酒毒。

【致危因素】过度采挖；种群稀少；生境破坏。

【保护措施】禁止采挖；加强生境保护；开展人工保育研究。

260 福参
Angelica morii Hayata

伞形科 Apiaceae　当归属 *Angelica* L.

国家重点保护名录	浙江省重点保护名录	红色名录等级	CITES	IUCN
		近危（NT）		

【形态特征】多年生草本。根圆锥形，棕褐色。茎少分枝，具纵沟纹。基生及茎生叶叶柄基部膨大成长管状叶鞘，抱茎；叶片二至三回三出式羽状分裂，末回裂片卵形至卵状披针形，常3裂，边缘有缺刻状锯齿，齿端尖，有缘毛，茎上部叶简化为叶鞘。复伞形花序梗有柔毛；总苞片无或1~2；伞辐10~20，近等长；小总苞片5~8，线状披针形，有短毛；萼齿无或不明显；花瓣黄白色，长卵形。果实长卵形，长4~5mm，宽3~4mm；背棱线形，侧棱翅状，狭于果体；棱槽中有油管1条，合生面有油管2条。花果期4~7月。

【分布与生境】产于乐清、永嘉、瓯海、洞头、文成、泰顺等地。生于山谷、溪沟、石缝内。

【保护价值】根可入药，具有温中益气之功效。

【致危因素】过度采挖。

【保护措施】加强保护；禁止采挖。

261 明党参 粉沙参
Changium smyrnioides H. Wolff

伞形科 Apiaceae　明党参属 *Changium* H. Wolff

国家重点保护名录	浙江省重点保护名录	红色名录等级	CITES	IUCN
二级		易危（VU）		

【形态特征】多年生草本。主根表面茶色至淡黄色，里面白色。茎具细纵条纹，中空。基生叶有长柄，柄长4~20cm，叶片二至三回三出式羽状全裂，茎上部分叶缩小呈鳞片状或鞘状。复伞形花序顶生和侧生，侧生花序多数不发育；通常无总苞片，稀具1~3，长约1cm；伞辐4~10，长2.5~10cm；小总苞片数个，钻形或线性；小伞形花序有花8~20；花瓣白色，有紫色中脉。果实卵圆形，长2~3mm。果棱不明显，每2个果棱间约有油管3条，合生面2条。花果期4~6月。

【分布与生境】据《泰顺县维管束植物名录》记载，泰顺有分布，但未见标本。

【保护价值】我国特有单型属种，具有科研价值；根可药用，具有清肺、化痰、平肝、和胃、解毒等功效。

262 珊瑚菜

Glehnia littoralis (A. Gray) F. Schmidt ex Miq.

伞形科 Apiaceae　珊瑚菜属 *Glehnia* F. Schmidt ex Miq.

国家重点保护名录	浙江省重点保护名录	红色名录等级	CITES	IUCN
二级		极危（CR）		

【形态特征】多年生草本。主根细长圆柱形或纺锤形，肉质，表面黄白色。茎生叶与基生叶柄基膨大成鞘状，叶片三出式羽状分裂，末回裂片倒卵形或倒卵状椭隔形，先端钝圆，边缘具略不整齐圆锯齿，齿缘白色软骨质，齿先端芒尖状，下面略被柔毛或无毛。复伞形花序顶生和侧生，紧密，伞辐8~16，不等长；小总苞片线状披针形；萼齿小，卵状披针形；小伞形花序多数，花梗不明显。果实倒卵形，长6~13mm。花果期6~8月。

【分布与生境】产于平阳。生于滨海沙地上。

【保护价值】嫩茎叶均可作为蔬菜食用；根入药，有养阴清肺、祛痰止咳之功效。

【致危因素】过度采挖；生境破坏；种群数量极少。

【保护措施】加强生境保护；开展人工保育研究。

263 华东山芹

Ostericum huadongense Z. H. Pan et X. H. Li

伞形科 Apiaceae　山芹属 *Ostericum* Hoffm.

国家重点保护名录	浙江省重点保护名录	红色名录等级	CITES	IUCN
		近危（NT）		

【形态特征】多年生草本。茎分枝。叶柄锐三角形，基部加宽成鞘；叶片二回三出式羽状全裂，末回裂片无柄，长卵形至卵形，基部微心形或宽楔形，先端渐尖或短渐尖，边缘具稍不整齐的粗长锯齿，两面通常无毛或仅叶脉及边缘有微粗毛。复伞形花序；总苞片1~4，线形至披针形，不等长，先端具长芒；伞辐10~14，不等长；小总苞片6~10，线形；萼齿卵形；花瓣倒卵状椭圆形；花药紫色。果实卵状椭圆形，背腹扁压，长7~8mm，宽4~5mm；分生果侧棱翅状；每棱槽中油管1条，合生面油管2条。花果期8~10月。

【分布与生境】产于泰顺。生于山坡林下、向阳林缘草丛中或溪沟边。

【保护价值】根可入药，全草可用于治疗水、火烫伤；幼苗可食用。

【致危因素】种群数量少。

【保护措施】禁止采挖。

264 岩茴香
Rupiphila tachiroei (Franch. et Sav.) Pimenov et Lavrova

伞形科 Apiaceae　岩茴香属 *Rupiphila* Pimenov et Lavrova

国家重点保护名录	浙江省重点保护名录	红色名录等级	CITES	IUCN
	列入			

【形态特征】多年生草本，细弱，无毛。根圆柱形。茎单个或数个，具细纵纹。基生叶卵形，三回羽裂，末回羽片线形；茎生叶向上渐小。伞形花序顶生和侧生；总苞片2~7，披针形，边缘白色膜质，常早落；伞幅5~10，不等长；小总苞片5~8，与花梗近等长；萼齿显著，披针形，长约0.5mm，花瓣白色或粉红色，基部具短爪；花柱约花柱基2倍长。果实长圆形，长3~4mm；背腹压扁；果棱狭翅突出，每棱槽油管1条，合生面油管2条，胚乳腹面平直。花果期8~11月。

【分布与生境】产于泰顺等地。生于向阳山坡裸岩旁。

【保护价值】根可入药，具有疏风发表、行气止痛、活血调经之功效。

【致危因素】种群数量少。

【保护措施】禁止采挖。

中文名索引

学名索引

温州珍稀濒危野生植物